弱いままのキミでバズる

学校では教えてくれないSNSという武器

静岡の元教師
すぎやま 著

KKロングセラーズ

はじめに　～SNSでドン底人生から大逆転～

「モヤモヤしてるけどどうしたらいいかわからない」
「変わりたいけど変わり方がわからない」
「自分にはどうせ無理」
「一歩踏み出したいけど踏み出す勇気がない」

私もそんな悩みを抱えながら働くサラリーマンでした。
私の前職は『公立中学校教諭』。中学校の先生でした。

そんな私が教師を辞めたのは5年前。
いまはTikToker、YouTuberとして仕事をしています。おかげさまでTikTokは40万人、YouTubeは15万人の方がフォローしてくださり、再生数は年間で合計

3億回ほどです。

「さすが先生だっただけあって、しゃべりがうまいですね」と言われることもありますが、私は先生と言っても静岡の田舎の中学校に勤める、ごくフツーの教師でした。話も得意じゃなかったですし、特にコレといった実績も残していません。

教師を辞めた理由

よく「なぜ、教師を辞めたのですか」と聞かれますが、実は教師という仕事は嫌ではありませんでした。いまでも当時の生徒たちのことをよく思い出しますし、時々、一緒にご飯に行く子や、私の仕事を手伝ってくれている教え子もいます。だから、生徒にはとても恵まれていたんだと思います。

でも正直な話をしますね。実は「いつ辞めよう?」と、毎日のように考えていました。

だから、なんとなくモヤモヤしながら生きている気持ち、よくわかります。

いまだから言えることですが、実は教師になった1年目からそう思っていました。

私が教員として採用され、はじめて赴任した学校は、いわゆる『荒れた学校』でした。

そこで見た光景がいまでも忘れられません。

廊下からものすごい怒鳴り声が聞こえてきて、廊下に出ると、50代後半の学年主任の先生がやんちゃな生徒に胸ぐらをつかまれていました。

主任から注意された生徒がつかみかかって、言い争いになっていたんです。

そして、その横を、生徒たちが見て見ぬふりをしながら通り過ぎていました。

採用されたばかりの私にとって、それはとてもショッキングな光景です。

30年後の自分の姿が、その先生の姿に重なって見えた気がしたのです。

そんなことがきっかけで「いつかは絶対に教員を辞めよう」と思いつつ、そこからなんだかんだで10年以上、辞められませんでした。

モヤモヤしたまま、一歩踏み出せないまま、10年も勤め続けてきたんです。

もちろんその間、何もしていなかったわけではありません。たくさん本を読んだり、起業講座のようなものを受講してみたり…。それでもなかなか最後の最後の決心はつきませんでした。

そんな中、「絶対にやめよう」と決心する転機が訪れました。それは、市民ミュージカルの運営です。

教員として忙しく勤務するかたわら、趣味で市民ミュージカルの運営をお手伝いしていました。とにかくそこに来る子どもたちがすばらしかったんです。


「この子たちにもっと本気で向き合いたい」

「社会に出て自分がどこまでやれるか?自分の力を試したい」

そう思って、教員を辞めることを決意。

あれほどまでに起業の決心がつかなかったのに、決まると早いものです。

ボイストレーナーや市民ミュージカルの運営で、会社を起こすことにしました。

カフェ併設のスタジオを借りて、ボイストレーニングのレッスンができるようにリフォーム。絶対にうまくいくという自信を持って突き進んでいったのです。


でも、うまくいくはずなんてありません。

いままで商売なんて一切したことなかったんですから。

10年働いた分の退職金は一瞬で消え、リフォームにかかった借金をなんとか返しながら、細々と生活する日々を送ることになりました。

自己破産寸前からの光

そうして2年が経とうとしていたある日。

ボイストレーニングのレッスンを終えて、スマホを観ていた生徒が「え!?」と声をあげたんです。訳を聞くと彼女はこう言いました。

「明日から学校休みだって！　いま学校から連絡きた」

そう。２０２０年2月28日。当時の安倍首相が『全国一斉臨時休校要請』というのを出したんです。

その日を境に世界は一変しました。私にとっても、ここが人生の大きなターニングポイントでした。私は急いでニュースを観て、その瞬間にこう思いました。

「終わった……」

大学で教育学を学び、10年以上も教員をやってきましたが、『全国一斉臨時休校要請』なんて聞いたことがありません。元社会科教師の経験から、これは歴史的なパンデミックの始まりだと直感したのです。

「ボイストレーニングの仕事もミュージカルの仕事もすべてなくなってしまう」

そう思いました。ただでさえも苦しい生活だったのに、すべての収入源を失うことになるかもしれません。

このまま黙っていても、毎月数十万の赤字。スタジオをリフォームしたローンも払えないどころか、自己破産か、それとも自ら命を断つしかない……。

そう思ってそこから数日間、コロナについて調べまくりました。

そんな時に、YouTubeで作家の本田健さんの動画と出会いました。

本田健さんと言えば、『ユダヤ人大富豪の教え』シリーズで有名な超ベストセラー作家です。私も本は読んだことがあったのですが、姿を見るのはその時がはじめてでした。本田健さんは動画の中でこう言っていました。

「これからみなさんの人生で最大の激動を迎えることになります。そのあと、まったく新しい時代がやってきます」

その言葉を聞いて、どう思いますか？

恐怖や絶望を感じる人もいるでしょう。あの動画を観た多くの人は恐れおののきました。

しかし私は、こう思ったんです。

「コレ、めっちゃチャンスじゃん」

時代が変わるってことは、社会の構造が変わるってこと。

そこには絶対にチャンスが転がってるはずです。

それをいち早くつかんだら、この苦境を抜け出せるんじゃないか？

そして決意したんです。**「よし、私もYouTubeやろう」**って。


どうせこのままジッとしてたら、数ヶ月後には破産です。

だったら、最後の望みを賭けて、YouTubeやってみよう。

これが元教師の私がSNSと動画の世界に飛び込んだきっかけ。

その後、研究に研究を重ねて、なんとかYouTubeをバズらせることができ、生き延びることができました。

いまではYouTubeの広告収益だけでなく、インフルエンサーとして企業のPR動画に出演したりもしています。

また、この実績を元にSNSのコンサルティング、SNS運用代行のお仕事もたくさんいただけるようになりました。なんと私の人生を変えるきっかけをくださった本田健さんはじめ、多くの著名人の動画制作も担当しております。

さあ、一歩を踏み出そう

SNSのおかげで私の人生は変わりました。どん底から抜け出すことができました。

だから私は、いま、「どう動いたらいいかわからない」と苦しんでいるキミの力になりたい。そう思って、TikTokコンサルの仕事をしたり、こうやって本を書いたりもしています。

いま、なんとなくモヤモヤした毎日を過ごしているキミ。

キミが「いまの人生を変えたい」と思うなら、ぜひこの本を読んでほしい。

私は「ガマンして仕事を続けなさい！」と説教するつもりはまったくありません。逆に「起業しろ」とか「自由になりましょう」と無責任に勧めるつもりもありません。

私はどちらの楽しさも、ツラさも理解した上で勧めます。**人生を変えるための勇気ある一歩**を踏み出してほしい。少しでも動けば、見える世界は必ず変わります。

そして、キミの人生を変えるのに一番役に立つツールがＳＮＳです。

ただし、この本では個別のＳＮＳをバズらせるための小手先のテクニックはあえて書きません。

私は『日本一バズってる元教師』と呼ばれ、その名の通り、教育系 TikToker として、日本トップレベルにバズっています。２０２３年 TikTok 公式クリエイターアカデミー教育部門で1位になりました。

そして、そのバズらせノウハウを企業や個人に教えるのを仕事にしています。

そのためにＳＮＳを研究していますが、ノウハウは日々古くなっており、いつまでも通用するものでもないと実感しています。

いま世界は人類史上、もっとも早いスピードで変化しているのです。

いまだけしか通用しないＳＮＳの上辺《うわべ》のノウハウだけを学んでも、半年後にはオワコンです。

また、熱心に上辺のノウハウだけ学んだとしても、何も行動しなかったら意味がありません。

だからこの本では小手先のテクニックではなく、プラットフォームが変わっても使える『心のあり方』『考え方』を教えます。

そして、キミの背中をポンと押したいと思います。たぶん、この本を読み終わったキミは、「まずはなにかやってみよう」という気持ちになるでしょう。イマイチ自分に自信がなかった人も「意外と俺にも『強み』があるかも……」と気づけるはずです。そして**「もっと自分らしく生きていいいんだ」**と、前向きな気持ちにもなるでしょう。

それは小さな一歩かもしれませんが、その一歩はキミの人生を変える第一歩目になります。じっとしていても、そこから見える景色は変わりません。

でも、小さな一歩でも、踏み出したら、見える景色は必ず変わります。

踏み出せば世界は変わる。もっと自分らしく生きられる。

キミの人生が変わり、もっと自分らしく生きられるようになりますように。

そんな願いを込めてこの本を贈ります。

目次

第2章　SNSは『弱み』を『強み』に変える

第3章 失敗を怖がらない『マインド』を身につける

第4章 キミはいますぐ、なりたい自分になれる

第5章 『好き』の中に『夢』がある

第6章 SNSで『好きを仕事にする』8つのロードマップ

第1章

一歩踏み出せば、小さな世界から抜け出せる！

01 キミはなぜ一歩を踏み出せないのか？

「いまの環境がイヤ」

「好きなことを仕事にしたい」

「人生このままでいいのか？」


毎日そう思いながら生きているキミ。もしそう思っているのなら、いまの生活を捨てて、**一歩踏み出せないのはなぜでしょう？**


実は、私も5年前までは同じ。人生を変えたいけど変えられず、毎日、憂鬱な朝を迎えている一人でした。

だから、キミの気持ちが痛いほどよくわかります。

私が教師をやめたのは、初めて「教師をやめよう」と思ってから10年後のことでした。

YouTuberは**「好きなことで、生きていく」**なんて言いますが、当時の私もそんなに簡単な話ではないと気づいていました。

悩みのタネはたくさんあり、悩みがつきることはありません。

お金のことはどうしよう？

資格や起業の勉強もしなきゃいけない？

とにかくなにか動き出さなきゃ！

いろいろ考えてはいるんです。

でも毎日、残業残業で、家に帰る頃にはグッタリ。趣味や勉強に使う余力や時間なんてありません。

家事をする体力すらも残ってないから、夕食としてコンビニ弁当の冷えたご飯を食べながら、動画やSNSをダラダラと観て過ごす日々。

YouTubeを開くと、そこにはインフルエンサーたちの楽しそうな姿があり、インスタを観ると、『リア充』たちの自慢合戦。

嫌気がさしてスマホのアプリを閉じると、黒い画面には疲れ果てた自分の顔が映り、キラキラしたインフルエンサーたちとはまるで正反対。

「一生このままでいいのだろうか?」

残業を終えて暗い夜道を歩きながら、毎日、そんなことを考えていました。

それなのに、私たちはなぜ一歩を踏み出せないのでしょうか?

02

挑戦するのって怖い？

私は教師として、教育系インフルエンサーとして、たくさんの中高生、若者たちと関わっています。教師としては10年で、２０００人以上の生徒を教えてきました。

そしていまは、ＳＮＳで40万人以上の若者たちからフォローされ、毎日何十通もＤＭが届きます。

なので、普通のおじさんよりは、『Ｚ世代』と呼ばれる若者たちの心理に詳しいのではないでしょうか。

実は最近、ＳＮＳで若者たちに「挑戦するのって怖い？」と聞いてみたところ、80％の子たちが「怖い」と答えました。

そこで「なんで怖いの？」と聞いてみると、一瞬で10～20代の若者１００人ほどが回答してくれたのですが、その答えはこんな感じでした。

・失敗するのが怖いから
・周りの目が気になるから
・怒られるから
・恥ずかしいから
・バカにされるから
・笑われるから
・批判されるから
・迷惑をかけてしまうから
・責められるから
・何か言われそうだから
・他人の評価が下がるから
・失望されるから

・失敗を引きずってしまうから
・落ち込んでしまうから
・いまよりも悪くなるかもしれないから
・失うものがあるから
・プライドが傷つくから
・取り返しがつかないから
・次も失敗すると思ってしまうから
・どうなるかわからないから

この中でダントツで多かったのは『失敗するのが怖い』『周りの目が気になる』で、ついで『怒られる』『恥ずかしい』でした。

多くの人が一歩踏み出せない最大の理由は『失敗するのが怖いから』と言えるかもしれません。キミも失敗するのが怖いですか？

03 失敗するのが怖い「ホントの理由」

もちろん、失敗が怖くない人なんていません。
いや、人間というより生き物全般そうです。
危険を回避できない生き物は絶滅してしまうからです。
崖から飛び降りるのを恐れない生き物は、間違いなく死に絶えますよね。

人間の心理作用には『損失回避の法則(損失回避バイアス)』というのがあります。
これは**「得を求めるよりも、損を避けたい気持ちの方が強く働く」**という心理法則です。

つまり人間は「これをやったら100万円もらえる」と言われるよりも、「これをやったら100万円失う」と言われる方に強く反応してしまうものなのです。

失敗が怖いのもこれと同じ理由。人は「成功するかも」よりも「失敗するかも」に強く反応してしまい、それを避けたいという気持ちになってしまうのです。

さらに言うと『持っている人』ほど、失うことに対して恐れる傾向にあります。例えば、大金持ちは家に泥棒が入ることを恐れて、セキュリティに神経を使います。

一方、お金を持ってない人は何も盗まれるものがないので、そんな心配はしませんよね。

失敗とは『敗けて失う』と書きます。失敗が怖いとは『敗けて失う』ことが怖いと言ってもいいかもしれません。

つまり失敗を恐れる人は、裏を返せば、実はすでに『持っている』んです。

「いや、いまの若者たちは車も買えないし、お金も持っていないよ」

こう言う人もいるでしょう。

でも、持っているんです。本当に持っていない人というのは、戦後の焼け野原で、家も、財産も、家族も、食べ物すらも失った人たちのことを言います。

少なくとも、そういう人たちよりも持っているはずです。

周りをよーく見てください。**実はキミもすでに持っています。**

小さくても温かな家。家族や友人、人からの信頼、まぁまぁな成績、少しの貯金、まぁまぁな仕事。だから怖いんです。持っているから、失うのが怖いんです。それが『失敗が怖い』の正体です。

そして、実は失敗よりも、もっと怖いことがあります。

それは、失敗して『**周りからバカにされること**』です。

「転職に失敗して、落ちぶれたと思われる……」

「仕事に失敗して、周囲からの信頼を失う……」

「人間関係に失敗して、周りから無視される……」

「告白に失敗して、笑い者にされる……」

実は、失敗することそのものよりも、**『周りからの目』を恐れている人、意外と多いのです。**先ほどのアンケートを見ても、周りからの嘲笑、叱責、批判、侮辱などを恐れている人が多いことがわかります。

SNSでもそう。私はいままで何百人もの方をコンサルしてきましたが、1本目の投稿をするのがまず最初の難関です。とても怖いんです。

なぜ怖いかというと、「周りからどう思われるだろう?」「こんな投稿したら恥ずかしい」と、周りの目を気にしてしまうから。

つまり、**実は「失敗が怖い」という気持ちの底には、「失敗した時の『周りの目』が怖い」という恐怖が潜んでいることが多いんですね。**

キミはどうでしょう?

周りの目が気になりますか?

まとめると、「なんかモヤモヤするけど、一歩踏み出せない」のは、もしかしたらいつの間にか、

①失敗して失うのが怖い

②失敗した時の周りの目が怖い

という2つの恐怖が両足に絡みついていて、動けなくなっているのかもしれません。

でも大丈夫。第2章、3章、4章と読み進めていくうちに、キミに絡みついた恐怖の蔦はいつの間にか振り解かれているでしょう。

04 踏み出せない人の3タイプ

私の10年以上の教員経験、教育系インフルエンサーとして、いろいろな若者を見てきました。その経験から最近の若者の傾向として**「いつまで経ってもモヤモヤしたまま踏み出せない人」**は、以下の3タイプに分類できると考えています。

【タイプ①】自己無力感タイプ
【タイプ②】不安多動タイプ
【タイプ③】いびつな自信過剰タイプ

この3タイプ。これを『自信あり・なし』『行動する・しない』の軸で整理するとこうなります。

	行動する	行動しない
自信あり	一歩踏み出せる人	**タイプ③ いびつな自信過剰タイプ** 自信はあるが 何もしないタイプ
自信なし	**タイプ② 不安多動タイプ** 自信がなくてもいろいろ やってしまうタイプ	**タイプ① 自己無力感タイプ** 自信がなくて行動も できないタイプ

図：踏み出せない人のタイプ別

キミはどのタイプでしょう?

【タイプ①】自己無力感タイプ

一番イメージしやすいタイプは、自己無力感タイプでしょう。

「やっても無駄」「自分は何もできない」と思いながら、毎日モヤモヤしていませんか?

幼少期に、失敗を強く責められた経験があり、それが傷(トラウマ)になっているのかもしれません。だから、うまくいかないことがあると自分を責めがちです。

自己肯定感が低く、「自分がやってもどうせうまくいかない」と思っているので、自分で自分の行動にブレーキをかけてしまいます。

そのため、なんとかしたいとボンヤリと思っても、行動できず、形にできないことを悩んでいるかもしれません。

ＳＮＳの使い方としては、ひたすら見るだけ。

見ているだけで、自分には発信することなんて何もないと思っています。

【タイプ②】不安多動タイプ

次に、常に自分探しをしていたり、やりたいことを探しているタイプ。

常に**「何かやりたい」とは思っているのですが、とにかくボンヤリして、イメージに現実味がありません。**

いろんな勉強会に行ったり、資格を取ろうとしてみたり、海外留学を目指していたりと、忙しく動き回っているものの、目標自体がコロコロ変わりがち。

「私は世界を愛で満たしたい」というようなホワホワしたイメージはあっても、そのために何かをするわけでもなく…せいぜいInstagramで自己満写真を投稿しているぐらい（逆にInstagramでのリア充アピールだけはうまかったりします）。

いつも忙しく動いてはいるものの、軸が定まらず、結局、踏み出せないでいるタイプです。

【タイプ③】いびつな自信過剰タイプ

そして最後のタイプは、大人世代からしたら一番理解できない存在。いびつな自信過剰なタイプ。**まだ何もしていないのになぜか「オレはヒカキンを超える」とか言っている人です。**

このタイプは何の実績も出していませんし、自分から何かするわけでもありません。

それなのになぜか「オレはインフルエンサーになる」「プロゲーマーとして生きていく」「いつか必ずデカいことをする」と確信しているのです。

情報収集能力が高く、昭和世代が知らないような雑学をたくさん知っています。

でも自分から何かするわけではないので、ニートだったり、引きこもりだったり、いやいや働くサラリーマンのまま、何年も過ごしている人も多いのです。

以上が、私の経験から分類した「いつまで経ってもモヤモヤしたまま踏み出せない人」の3タイプです。キミはどのタイプでしょうか？

この3タイプ、三者三様に見えますが、実は共通することもあります。それは「自分に自信がない」ということです。

【タイプ①】自己無力感タイプはもう、自信の無さの塊なのでわかりやすいですよね。

【タイプ②】不安多動タイプは、自信がないから、いろいろやろうとするのです。自信がないから、いろいろ資格を取らないといけないと焦るし、自信がないから自分探しをずっとしています。

そして、**矛盾するようですが【タイプ③】いびつな自信過剰タイプも、実は自信がないんです。**

このタイプ、とても自信過剰な割に臆病なんです。だから『いびつな』自信過剰と名付けました。

彼らは「俺はプロゲーマーになる」と言っているので、「じゃあ大会に出てみる？」と聞くと、「いまは調子が悪いからいい」とか「このコントローラーじゃ無理ゲー」などと言って、サッと逃げてしまいます。

自信がないから「やらない」という選択をするんです。

成功するイメージが持てないから。

成功しないということは失敗します。

失敗を回避したいのは人間のサガ。

…ということで、自信がない人は**「モヤモヤするけど一歩踏み出せない」**というわけです。

でもこれも大丈夫。それも第2章、3章、4章と読んでいくうちに、「あ、自信なんてなくても大丈夫なんだ」と思えるようになるはずです。

05 勇気を持って進めば優しい世界が広がっている

『明るくない未来』なんて暗い話をしましたが、悲観することばかりではありません。

実は、この世界はだんだんと優しくなっている面もあるんです。

例えば、仕事。いま、少子高齢化で日本の若者の数はドンドン減っています。

それなのに、企業の求人数は30年前よりも、実はいまの方が多いんです（表1参照）。

さらに言うと、大卒者の『3年以内離職率』も30年前に比べて上がってきています（表2参照）。

いまや企業にとって、若い人材の確保はもっとも重要な関心事なのです。

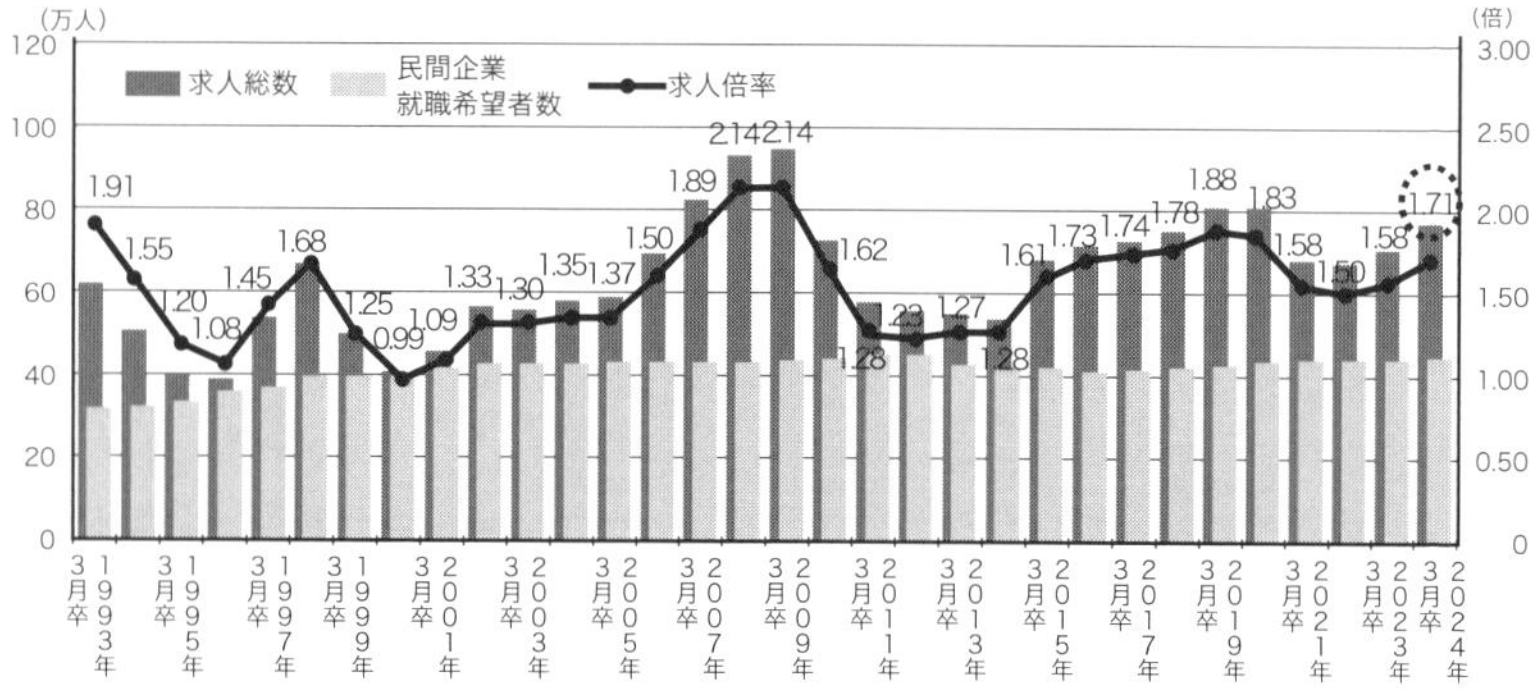

表１　リクルートワークス研究所「2022 年３月卒業予定の大学求人倍率に関する調査」より作成

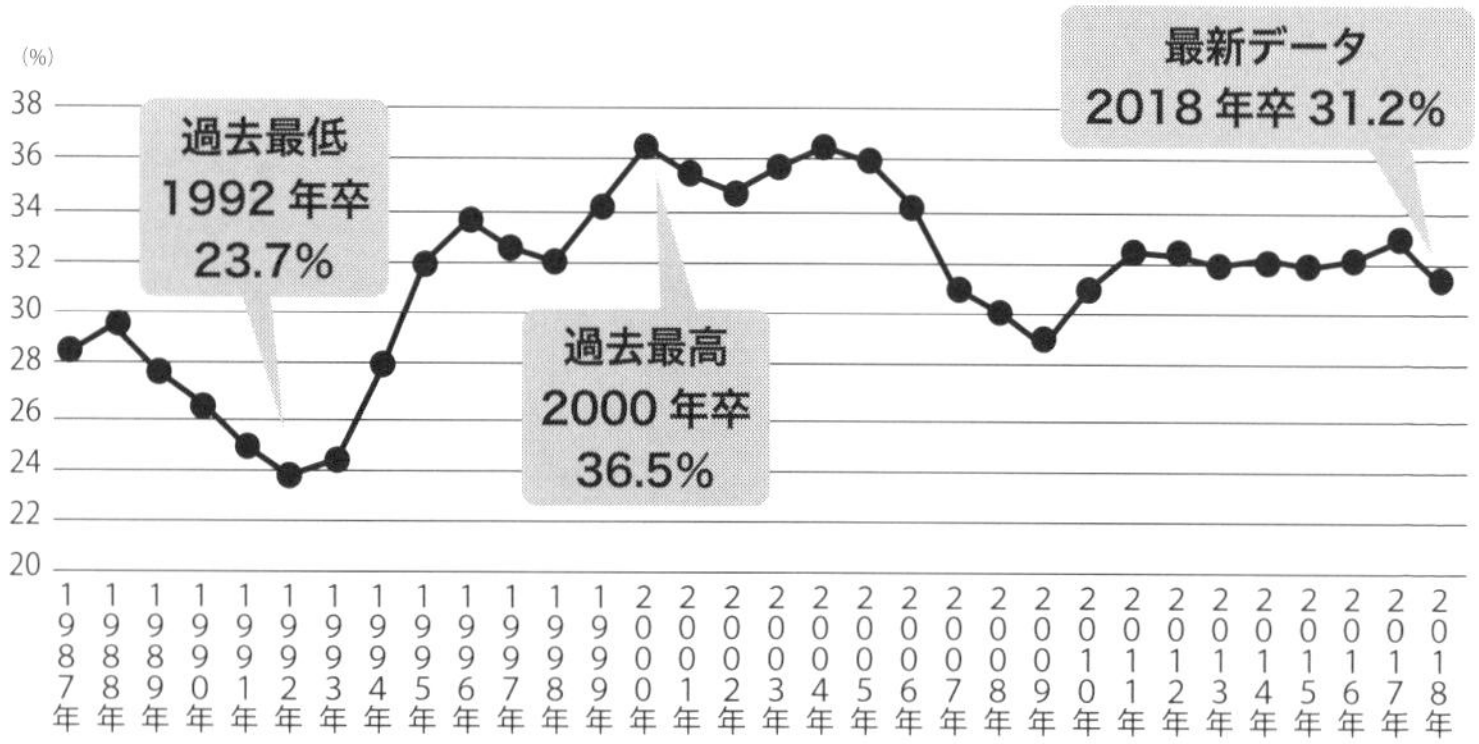

表２　厚生労働省「新規学卒者の離職状況」より作成

どの業界も人材の高齢化に頭を抱え、若者が足りていません。利益は出ているのに、人材確保ができず『黒字倒産』してしまう企業や、70歳過ぎた人たちが現役で働き続ける現場もあるほどです。

実は、学校現場も同じです。私が教員になった頃は、教員採用試験の倍率が10倍、20倍という時代でした。ところがいまは1・1倍という自治体もあるぐらい。教員免許をとったらほぼ教員になれる時代なんです。

それでも先生が足りないので『再任用制度』というのができ、60代、70代の先生が講師として現役で教壇に立っています。

つまり、キミたち若い世代は30年前よりも圧倒的に

・就職しやすい

・仕事も辞めやすい

・転職もしやすい

という社会に生きているんです。

一度や二度の転職なんて痛くもかゆくもないはずです。

お隣韓国なんかは、若者の就職がとても厳しく、30％もの若者が就職できない状況にあるそうです。だから一生懸命日本語を勉強して日本企業での就職を目指す子もいるとのこと。それに比べたら日本なんてぬるま湯です。

これは仕事だけではありません。例えば、結婚や恋愛についてもそう。

10年前、教員として勤務している時、私は急に校長室に呼ばれました。

そして、校長からこんなことを言われたんです。

「杉山さん、まだ結婚しないのかね？　男はな、結婚して、家庭を持って、家を建ててようやく一人前と認められるんだ。30歳超えて結婚してないようなやつは男として出来損ないだと思われるぞ」

これが昔の大人たちの価値観です。

いまこんなこと言ったらセクハラ、パワハラ、モラハラですよね。

いまは結婚してないと言っても奇異の目で見られることはないし、それどころか恋愛経験ゼロの若者も当たり前にいる時代になっています。

昔はシングルマザーと言うと同情の目で見られましたが、いまはまったく珍しいことではなくなりました。昔は女性と男性が食事に行ったら、無理してでも男性が奢るのが当たり前。でもいまは割り勘が当たり前になりつつあります。

社会はどんどん自由になっています。

ある意味では、どんどん生きやすい社会になっていると言えるでしょう。

それでもキミたちは一歩踏み出すのをためらいます。

それはキミたちは相反する2つの世界の狭間で生きているからです。

06 キミたちの世界に存在する、2つのパラレルワールド

そんなキミたちが生きる世界には、2つのパラレルワールドが重なっています。

ひとつは、50代、60代が生きてきた**昭和の世界**。

大人世代の多くは、実はいまだにこの世界に生きています。

だから臥薪嘗胆、真面目にコツコツ生きれば報われるという価値観を、キミたちに一生懸命教えてくれます。


昭和世代にとっては、それが正解だったんです。我慢して我慢して、ローンで家を買って、老後は年金をもらってのんびりと過ごす人生。仕事を途中で辞めて、コミュニティからドロップアウトした結果、悲惨な末路を辿った人も少なくありませんでした。

だから、幼い頃から何度も言われてきたはずです。

「みんなも我慢してるんだから、あなたも我慢しなさい！」

「ちゃんと勉強して、いい大学に行って、いい企業に就職しなさい」

「途中で投げ出しちゃダメ！」

…と。それはそれで間違いではありません。

キミたちのお父さん、お母さんが若い頃はそれが正解でした。

そして、いまもその価値観のまま生きている人もいるのです。


しかし、キミたちはもうひとつ別の世界が始まっていることを知っています。

それは画面の向こうに新しく生まれた世界。

デジタルの世界、ＳＮＳの世界です。

そこでは昭和の価値観は通用しません。

オジさんが「いまの若者は根性が足りない」なんてマウント取ったら炎上して袋叩きにされます。

年功序列なんてない、実力社会です。毎日のように新しいツールが生まれ、古くて堅苦しい仕組みはどんどん淘汰されていきます。

「好きなことで、生きていく」を合言葉に、次々と新しいスターが生まれ、そして消えていく。スマホを覗くと、すぐそばにそんな世界があります。

ただ、そこには非常に冷たい一面もあります。出会うのも縁が切れるのも簡単。昭和世代が大切にしてきた温かな人情みたいなものは希薄です。

キミたちはそんなパラレルワールドに挟まれて生きています。過去と未来が併存する世界。一歩踏み出せない私たちは、そんな2つの世界の狭間で、今日もモヤモヤしながら生きているのです。

いま、キミたちが抱えている生きづらさや自信のなさは、この2つの世界の狭間で生まれたものではないでしょうか？

07 小さな世界を飛び出そう

「周りの目が気になる」というキミへ、周りの目が気にならなくなる方法を教えます。それは、広い世界に出ることです。

例えば、同じ会社の人たちが自分のことを悪く言っていたら気になりますよね。でも、インドの山奥に住んでいる人たちからどう思われようが、そんなに気にならないと思います。

狭い世界で考えているから周りの目が気になるんです。私が生まれたのは静岡県の片隅にある田舎でした。

そこでの会話のメイントピックは、ご近所さんのウワサ話でした。中学生、高校生の話の中心は、「○組の○○ちゃん」の話でしょう。

私は教員を辞めてからもずっと静岡に住んでいたのですが、その時は何をするにも「こんなことしたら知り合いからどう思われるか？」と気になっていました。ところが、東京に引っ越してからは、周りからどう思われるか？というのがほとんど気にならなくなったんです。

世界は広いんです。キミたちが生きている小さな世界の周りには広い世界が広がっています。

学校の周りには社会があり、田舎の先には都会があります。現実世界の周りには、ネット世界や仮想空間があります。広い世界に出ると小さな失敗なんて誰も気にしません。多少の黒歴史ぐらいあっても、ウワサにすらなりません。

周りの目が気になって一歩踏み出せないというキミ。ぜひ小さな世界を飛び出してみてください。

立ち止まっている人は、視点もずっと同じところにあります。
でも、一歩でも動くと、少しでも視点が動きます。
一歩でも動けば、世界は変わって見えるんです。

私は教員を辞めようと思ってから、10年も踏み出せずにいました。
でも、踏み出してみてはじめて、学校の塀の外には広大な世界が広がっていると実感しました。

踏み出せば世界は変わります。
一歩踏み出しましょう。

08

黒歴史があったからこそバズれるようになった

「黒歴史になるのが怖い」

10代、20代の子たちと話しているとよくそう言われます。

この本を読んでいるキミはどうでしょう?

もしかしたらこれは昭和世代にはない感覚かもしれません。

いまの時代、SNSにしても、リアルにしても、何かやらかしてしまうとそれが『デジタルタトゥー』として一生残ってしまう。

データは一度拡散されたら永遠に消すことができない。

「SNSで恥ずかしいことをしたら一生笑い者にされる」

「就職試験の時に不利になるかもしれない」

「数年後にはオワコンになって恥ずかしい思いをする」

だから気をつけないといけないよ、と小中学生の頃から、先生や親からそう言われて育ってきた人も多いと思います。


これに対して、昭和世代は「村中の笑い者にされる」「そんなことしたら一族の恥」というような違った意味の『恥』の感覚を持っています。

ここもジェネレーションギャップのひとつではないでしょうか？


「そんなの気にしなくても大丈夫だよ」「失敗を恐れずに挑戦しよう」と口で言うのは簡単ですが、若者たちに染みついたこの感覚を払拭するのは簡単ではないでしょう。

だから私はキミたちに「まぁ…ちょっとやってみようかな？」と、思ってもらえるようにこの本でメッセージを送りたいと思います。

先ほども言った通り、世界はだんだん優しくなっています。

一度や二度失敗したとしても、キミのことを必要としてくれる企業はたくさんあります。


私は教員を辞めて、事業に失敗しました。

借金まみれになり自己破産寸前までいきました。

社会的に見たら大失敗です。


でも、**SNSのおかげでそこから起死回生することができました。**

黒歴史どころか、この経験があったからこそ、学んだこともたくさんあります。

その方法とマインドを教えていきます。

09 弱いままのキミでバズる

「でも私なんてなんの取り柄もないし…」

「夢なんてないから、何からやっていいかわからない」

という人もいるでしょう。

でも安心してください。それでいいんです。

実は、何もないことこそ強み。

キミの弱さこそキミの強み、だったりします。

本書のタイトルは『弱いままのキミでバズる』ですが、この『バズる』とは、単純にＳＮＳで数字が取れるという意味だけではありません。

もっと広い意味で、人々から求められ、応援され、そして人気になったりするという意味です。

羽音からきた言葉。『バズ』というのは、もともとはミツバチがブンブンと飛んでいるまって、注目されるという意味です。

花はそのままで美しいものです。棘があったり、変な柄があったりもします。でもそれも、それも含めて、その花の魅力です。

たとえ、スラム街でも、高級住宅地でも、ゴミ捨て場でも、花は美しく咲きます。キミも同じ。弱さも、欠点も、短所も含めて、いやそれがあるから、キミは美しく咲けるのです。そして、そこにミツバチがブンブンと集まってきます。

第2章からは、弱いキミが一歩踏みだし、そのままでバズり、自分らしく生きていく方法をお伝えします。

第１章
一歩踏み出せば、小さな世界から抜け出せる！
まとめ

- □ 一歩踏み出せない最大の理由は『失敗するのが怖いから』
- □ 踏み出せない３タイプの共通点は『自信のなさ』
- □ 小さな世界を飛び出せば、周りの目も気にならなくなる。
- □ 『バズる』とは人々から求められ、応援される存在になること。

第2章

SNSは『弱み』を『強み』に変える

01 「指3本」を武器にした大学生

ここからは弱いキミが一歩踏み出すための参考になる事例を紹介していきます。

ある大学生の話を聞いてください。

彼は、生まれつき手の指が3本でした。裂手症という先天性の障害です。でも温かな家族の中で育ち、幼い頃はさほど障害のことを気にしていなかったそうです。特におばあちゃんは彼のことを可愛がってくれて、いつも気にかけてくれていました。

彼が障害を気にするようになったのは中学生になった時。他の小学校から来た子に「お前なんで指3本なの？」と聞かれたことがキッカケでした。

そうでなくてもちょうど、周りの目が気になりはじめる年頃。彼はそれからずっとポケットに手を入れて、生活するようになったそうです。

夏が嫌いになりました。ポケットに手を入れられないからです。リコーダーを吹かないといけない音楽の授業も嫌いでした。レジでお金を払う時の、店員さんの反応が心をえぐりました。

高校進学、大学進学。その度に、どのタイミングで障害のことを言うべきか、悩んだそうです。どんな反応をされるか考えると、初対面の人と会うのが怖くもなりました。

そんな彼に転機が訪れたのは20歳になったばかりの時でした。大好きだった祖母が急死したのです。

「昼ご飯食べたの？」

「うん、いらない」

そんな短い会話をした数時間後。祖母は救急車で運ばれ、亡くなりました。

誰よりも自分のことを可愛がってくれた祖母。いつも自分のことを心配してくれた祖母。亡くなる数時間前ですらも、自分のご飯の心配をして、そのまま亡くなってしまった。

彼は祖母を亡くしてはじめて気づきました。自分はなんてちっぽけな人間なんだ、と。自分は障害のことを気にして、いつもポケットに手を隠して生きてきた。

でも、祖母は自分のことを愛してくれていた。障害があるかどうかなんて関係なかった。

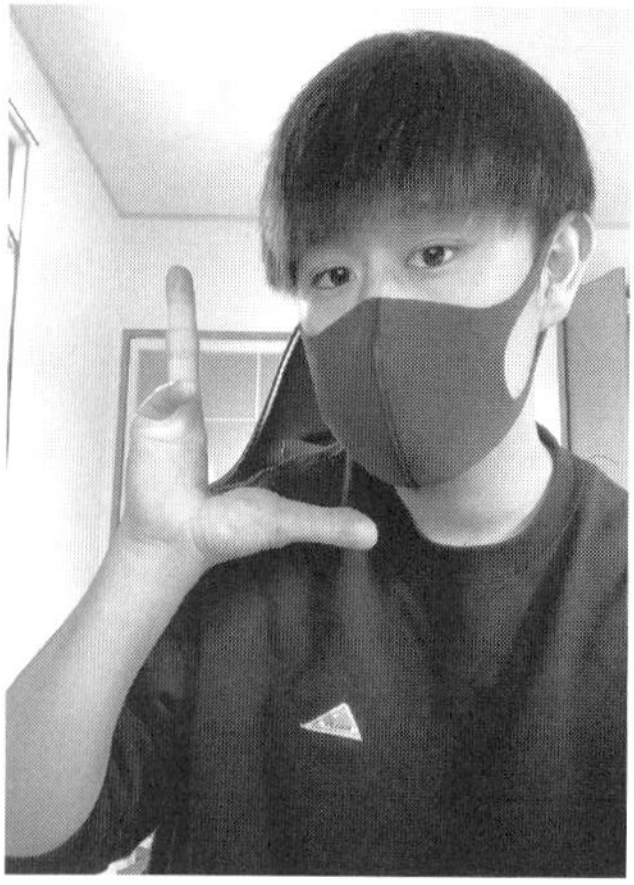

指３本の障害／すらいむ

もうこの手を隠すのはやめよう。ポケットから手を出して、祖母のように、誰かを支えられる人間になろう。

そうして彼は、ＳＮＳで自分の手を投稿しました。すると見る間に話題になり、彼はそこからたった3ヶ月でフォロワー

9万人のインフルエンサーになったんです。

「え、これってCG?」

「事故ですか?」

「キモい」

もちろん、いろんな反応が返ってきました。でも自分を堂々と出すと決めた彼は、もうそんなことでめげるような次元ではありません。完全に吹っ切れています。


大学に通いながらインフルエンサーとして活躍しています。

彼は実は私が一番信頼するブレーンであり、一番信頼するスタッフです。

大学生でありながら、私のSNS事業を手伝ってくれてたり、別に障害者雇用の会社のアドバイザーを勤めたりしています。


本人はあまり言いたがりませんが、まだ学生なのに、新卒のサラリーマンの倍ぐらいは稼いでいるとか…。もちろん、学費も生活費もすべて自分で払っています。

ＳＮＳ時代では障害も立派な武器です。これといった特徴もない人が画面に出ても、興味を引くことができずスワイプされてしまいます。

でも指３本の手がいきなり出てきたら、誰しも一瞬画面に見入ってしまうでしょう。

だから普通じゃないことが武器になるんです。

ＳＮＳ時代には障害者は最強。

障害を克服しなくていい。

強くならなくていい。

むしろ弱いままでいい。

キミもポケットから手を出して。

弱みも発信すればコンテンツになる。

弱みも発信すれば強みになるんです。

02 誰にも言えない「秘密」に苦しんだ日々

そういう私もずっと隠していたことがありました。秘密があったんです。

キミたちにも秘密はあるかもしれませんが、私はその秘密のせいで、物心ついてからずっと生きづらさを感じていました。

幼稚園でも、小学校でも、中学、高校では特にそうです。

いつもバレないように細心の注意を払いながら、自分を押し殺して生きてきました。

その秘密というのは、自分は男の人が好きだということ。

つまり『ゲイ』だということです。

これを生まれた時からずっと隠してきました。なにかきっかけがあったわけではありません。周りの男の子が女の子を好きになるように、私は自然に男の人のことを好きになっていました。

でもTVには「オカマ」「ホモ」を笑い物にする番組があふれ、クラスの話題でも同性愛者は笑いの対象でした。

学校の先生ですらも「お前まさかソッチのケがあるんじゃないだろうな〜」などと、ゲイを笑い物にするようなネタを言う人もいました。

だから、これは隠さなきゃいけない。自分は普通じゃないんだ。ずっとそう思って生きてきました。

中学校生活、高校生活は特にキツいことが多かったです。ただでさえも思春期で、性を意識する年頃です。

バレたら絶対いじめられる。そう思い、とにかく自分を隠すのに必死でした。

大学時代にはインターネットのおかげで、少しずつ同じような人がいるんだということも知りはじめましたが、それでもやはり友だちにバレたら終わりだという思いは変わらず。

ゲイであることを言える知り合いは一人もいませんでした。

そのまま教員になり、教員時代もずっとひた隠しにしていました。

その頃にはインターネットを通して、ゲイの知り合いもでき、少しずつ自分の中でゲイであることを認められるようになりましたが、公表するなんてとてもじゃないができません。

下手に公表して「うちの子をゲイの担任に預けれらない」なんてクレームが来たらオオゴトです。言うべきじゃないし、言う必要もないと思っていました。

ただ、飲み会のたびに聞かれるんですね。

「杉山さん、まだ結婚しないの？」

「彼女はいないの？」

「早くいい人見つけないとね～」

笑顔で受け流してはいましたが、いつも心がチクチク痛みました。

彼らは別に悪気があって聞いているわけではありません。

まさか自分の周りに同性愛者がいるとは思ってもいないだけです。


でもね、いるんですよ。いま目の前に。キミの目の前にいる男は、男が好きなんです。結婚しないわけじゃなくて、同性愛者だから結婚できないんです。


教員になるような人たちすらも、LGBTQの存在を想定していません。

だから私は教員をやっている限りは、絶対にカミングアウトすることはできないなと思いました。

03 アウティングの恐怖

そんな教員時代を経て、独立し、TikToker、YouTuberになったのですが、そうなったらそうなったで心配事は増えました。

「このまま有名になったら、いつかバラされるんじゃないか？」ということです。

実際、私がはじめて動画でバズった時に、コメント欄にこんなコメントがついていました。


「こいつ、ゲイだよ」

このコメントを見た瞬間、手が震えました。

本当だったら通報して、スクショして、法的措置を取ることもできたのですが、焦ってすぐにコメントを削除してしまいました。

私がゲイだと知っているということは、私のゲイの知り合いです。知り合いの誰かが、自分のことをおとしめようとして、匿名で攻撃してきている。ものすごい恐怖です。

誰がどんな思いでやっているのか？

これがいつまで続くのか？

真っ暗闇から得体の知れない何かに攻撃されているような恐怖感でした。

幸いに、そのようなアンチコメントはそれ以降来なかったのですが、「このままいったらいつか暴露されてしまう」という思いは、フォロワーが増えれば増えるほど、強くなっていきました。

いまの時代、こんなことを言うと「そんなの恥じることじゃないよ。堂々とカミングアウトすればいい」と、多くの人は言うでしょう。

でも、当事者からしたらそんな簡単な話ではありません。２０１５年、ある大学生がゲイであることをバラされたことを苦にして心身に不調をきたし、転落死するという事件が起こりました。日本中の同性愛者、LGBTQの人たちは、このニュースを聞いて「他人事ではない」と思ったはずです。

本人の意に反してバラされることを『アウティング』と言います。

マイノリティにとって、アウティングは死を選んでしまうほどの恐怖なのです。

ゲイであることが周りに知れ渡ったら、いままで築き上げた人間関係や信頼を失うんじゃないか?

友だちは、家族は、親戚は、同僚はどう思うだろう?

避けられるかもしれない。笑い物にされるかもしれない。

人生のすべてが台無しになるような不安を覚えます。飲み会で「どういう人がタイプなの?」と下世話な質問を浴びせられるんじゃないか?

下手したら私の友だちも同性愛者だと疑われるんじゃないか?

考えれば考えるほど、悪い結果しか思い浮かびません。だから多くの人は「バレないように隠し続けるしかない」という選択をするのです。

しかし、インフルエンサーの場合、アウティングのリスクは通常よりも高くなります。静かに生きるという選択すらもできない場合もあります。

もちろん目立つ活動をしているので、嫉妬されたり、やっかまれたりするのは仕方ないかもしれません。当然、私のことを嫌いな人もいるでしょう。なんとかして私を引きずり落としたい人だっていると思います。

ちょうど『暴露系 YouTuber』というものが流行っていた時です。芸能人やインフルエンサーの過去を暴露配信する YouTuber たちがもてはやされていました。

そういう人たちに、私の情報をリークしてやろうという人もいるかもしれません。

このままゲイであることを隠して生きていたら、ずっとそういうリスクに晒されながら生きることになります。

そう思うと、ゲイ同士で遊んだり、ゲイバーに行ったりするのも怖くなりました。

このまま自分を隠して生きていくか、それとも思い切ってカミングアウトするしかないか…。そんな時にある男の子と知り合いました。

04
応援してくれた彼は「女の子」

その男の子は、女の子でした。生物学上は。つまり、体は女、心は男、いわゆる性同一性障害です。

彼は中学2年生の時から私の動画やライブ配信を観てくれ、いつも真っ先にコメントしてくれました。私を最も支えてくれているファンの一人です。

いつもコメントしてくれるので、だんだんと親しくなっていき、よくDMもするような関係になっていきました。

彼はいつも元気で、いつも私を応援してくれました。

でも、その裏にはものすごい苦しみがあったようです。

中2といえば、ちょうど思春期まっただ中です。自分の心と体のギャップに苦しんでいました。
ホントは男友だちとワイワイ騒ぎたい。でも、自分の体はドンドン女になってい
く。いままで友だちだった子たちがドンドン『異性』になっていき、自分だけ区別
されるようになっていく。思春期まっただ中の中学生の心に、毎日、不安と混乱が
渦巻いていたことでしょう。
彼のインスタにはだんだん「学校行きたくない」「死にたい」という投稿が少し
ずつ増えていきました。

ある日、彼からこんなＤＭが届きました。
「僕は女子の制服を着るのが嫌です。毎日つらい。学校にも行きたくないです。
自分は女だけど、たぶん心は男です。せめて高校に行ったら男として生きたい。で
も親にも、先生にも相談できません」

ちょうど私がフォロワー20万人を超え、アウティングの恐怖に怯えていた時期で

す。彼の苦しみが痛いほどわかりました。

だから私も決意しました。

「ずっと隠してきたけど、実は私もLGBTQなんだ。フォロワー25万人行ったら、ライブ配信でカミングアウトしようと思ってる。私が言うことで、少しでも世の中が変わるかもしれない。みんなが生きやすい時代がきっと来るから、それまで生き抜こう」……と。

そうしたら彼は言ったんです。

「杉山先生のライブ配信を親と一緒に観ます。そこで僕も親にカミングアウトする。杉山先生もがんばるから、僕もがんばって言おうと思います！」

LINEを観て涙が出ました。改めて自分が背負っているものの大きさ、自分の使命のようなものを実感しました。

彼らが自分らしく生きられる世の中をつくりたい。

彼らだけじゃなく、みんなが自分らしく生きられる、そんな新時代をつくりたい。

つくらないといけない。そう思いました。


そして、２０２２年４月11日。TikTok ライブ、YouTube ライブ同時配信で、何万人もの人が観てくれている中でカミングアウトしたんです。（その映像はいまも YouTube で観ることができます）

人生で一番緊張したと言っても過言ではありません。生まれてから30年以上かたくなに隠し続けてきた秘密を、全世界に向けて公表するんですから。

カミングアウトしたらフォロワーが減るんじゃないか？

ファンが離れるんじゃないか？

学生時代の友だちはどう思うだろうか？

不安しかありませんでした。

口から心臓どころか、内臓すべてが飛び出しそうなぐらいドキドキ。

ただフォロワーが増えたことで、心理的に達観できていた部分はありました。

これでフォロワーが半分に減ったとしてもいいや。
もし離れていく人がいてもいいや。
いまさらアンチコメントが来てももう何にも思わない。

私には応援してくれる子たちがいる。
むしろ離れる人は離れればいい。
フォロワー25万人を達成したことで、そんなふうに思えていました。

05 世界が180度変わった「カミングアウト」の奇跡

あの日から、私の世界は変わりました。

震える手で配信ボタンを押した2022年4月11日。

「好きなタイプは？」と聞かれても、モゴモゴと口ごもらなくてもよくなりました。

ゲイバーやゲイイベントにも堂々と行けます。

飲み会で「ご結婚は？」と聞かれた時も「あ、僕、ゲイなんです」と即答できるようになりました。

動画やライブ配信でも堂々と、タイプについて語ることができます。

「あ〜俳優の○○ね〜、正直タイプじゃないわ」とか、「イケメン限定で質問返しします」とか、それをネタにして視聴者を楽しませることもできるようになりました。

隠さなくていいって、こんなに楽なんだ。こんなに生きやすいんだ。生まれてはじめて体験しました。

カミングアウトしたことで、世界が変わったんです。

SNS上でのフォロワーの反応はどうだったかというと、まず、フォロワーはまったく減りませんでした（むしろそれからさらに10万人以上増えています）。

ファンの子たちは

「そうなんや、別に気にならんで」

「むしろいままでよりも好きになった」

「ゲイだろうがなんだろうが引き続き応援します！」

と言ってくれ、より一層絆が深まった気がします。

そして驚くことに、なんとアンチコメントも1件も来ませんでした。

くだらないことでいちいちアンチしてくる人は必ずいるのですが、ゲイであることを理由にアンチしてくる人はいなかったのです。

私が想像したものとはまったく違う結果でした。

そして、この日を境に、私の世界は１８０度変わりました。

あの日、一歩踏み出したからこそです。

自分がずっとコンプレックスで、隠し続けてきたこと。

それは実は、他人からしたら意外とどうでもいい問題だったんですね。

むしろそれを**堂々と発信することで、それがコンテンツにもなる。**

より魅力的な存在にもなれる。

一歩踏み出せば、人生が変わる。私自身がその実例なのです。

では、私と一緒にカミングアウトした子は、その後どうなったか?

もちろんいまでも動画を観て、コメントしてくれ、交流は続いています。

先日、カミングアウトしてからちょうど1年が経ったのですが、彼はもう高校生になりました。そして、カミングアウト記念日（4月11日）の0時ピッタリに私にこんなLINEを送ってきてくれたんです。

杉山先生、今日で1周年ですね！高校には男子用の制服で通いたいと思っていましたが、できませんでした。でもなんと、僕の高校、今年から女子もスラックスか、スカートか選択できるようになったんです。スラックスをはいて学校に通えるのが、すごくうれしいです。明後日から、いよいよ授業が始まるので楽しみです！

こうして高校に登校できているのも、杉山先生のおかげです。杉山先生と一緒にカミングアウトして、世界が変わりました。これからもずっと杉山先生を応援してます。杉山先生しか勝たん！

一歩踏み出したことで、彼の人生も大きく変わりました。

そしてこの世界も、少しずつですが、変わっているようです。1年前には、女の子がズボンを履いて高校に通うなんてとても考えられませんでしたよね。

いま、生きづらさを抱えているキミ。現実に絶望して、嫌になることもあるかもしれない。

でも、**世界も少しずつ変わっていきます。**少しずつですが、良くなっていることも多いです。

キミの人生もそう。いまはツラくてもきっと良い方向に変えられます。

小さな一歩でも、踏み出してみてください。

見える景色は必ず変わるから。

そしたら、キミの人生も道が拓けます。

だから思い切って一歩踏み出してみて。

06 オタクと不登校は最強

年々、不登校の生徒が増えています。

「なんとかしなきゃいけない。学校教育を変えないと、このままじゃ日本が……」なんて、エラそうなことを言うつもり、私はまったくありません。

だって、**不登校でもいいと思うから。**まず理屈から言うと、不登校って権利ですからね。

子どもは『教育を受ける権利』をもっているのであって、『義務』じゃないんですよ。『受ける権利』があるということは、同時に『受けない権利』もあるというわけ。

まともに学校に通っていたはずの大人が、権利と義務をゴッチャにしちゃって、理解できてないのです。それで「とにかく学校に行かせなきゃ」と焦ってるんだから、不登校よりもそっちの方がよっぽどヤバいですよ。

この本を読んでくれている人の中には

- **いま、不登校の子**
- **いま、不登校の子どもがいる親**
- **昔、不登校だった子**
- **昔、不登校だった大人**
- **家族や友人が不登校の人**

たくさんいると思います。

そんなのは全然ＯＫです。

元不登校で、会社を経営している知り合い、たくさんいますよ。

私の知り合いで超優秀なプログラマーの子がいるんですが、彼は小学校から不登校だったそうです。

親も最初はなんとか学校に行かせようとしたんですが、どうしても行けない。

朝から晩まで家でゲームとパソコンばかりやっていたそうです。

それで親御さんは仕方なく、フリースクールに通わせることにしたそうなんですね。

それが彼にとってはめちゃくちゃ良かった。すごく楽しかったそうなんです。

もちろん、毎日１００％出席できた訳ではないんですが、それでも学校って楽しいなと思えるようになった。友だちもできたそうです。

そして、中学生になった時に、フリースクールのイベントか何かで、ホームページを作ろうということになり、彼はそのリーダーに選ばれました。

そしたら、なんと彼、１日でホームページを完成させたそうなんですね。

もともとゲームとかパソコンが好きで、凝《こ》り症だったからかもしれません。

一言で言えばオタクです。

でも、ただちょっとオタクぐらいだったら、そこまでのことはできないですよね。不登校で、引きこもりがちで、しかもガチのオタク気質だったからこそ、すべての時間と労力をそこに注ぎ込むことができたのです。

毎日、部活と塾で疲れ果てる子には絶対できません。

そして、彼はそこからデザインや、プログラミングにのめり込み、独学でスキルを身につけていきました。そして、なんと若干18才でＩＴ系のベンチャー企業に、プログラマーとして就職することができたそうです。

いまでは、アプリ開発の担当者として、社内でも頼られる存在になっています。

私は彼にこんな質問をしたことがあります。

「小学校から不登校だったたって言ってたけど、正直、理由ってなに？」

彼は言いました。

「うーん。わかんないですね」

私はさらに聞きました。

「明確な理由がない？」

「ないです」

「いじめられたとかも？」

「ないです。ただ、なんとなく…ですかね。なんとなく行きたくないなって」

世の中の立派な大人がこの話を聞いたら、どう思うでしょう？

きっとこう言うんじゃないかと思います。

「なんとなく学校に行かないなんて、そんな甘えは許されない‼」

「そんなワガママ言ってたら社会で通用しない‼」


でもよく考えてみてください。社会で通用してないのはどっちでしょう？

「部長、この資料、ドライブに入れて、終わったらURLをSlackで共有してもらっていいですか？ タスクはNotionで管理してるんで」

「…ドライブ？ ユーアールエル？ スラック？ ノーション？」

いまの時代、ドライブも、URLも、Slackも、Notionも使えて当たり前。どんどん時代から取り残されていくのは、逆にコツコツとマジメに学校教育を受けてきた人たちのほうかもしれません。

逆に、いまや時代をつくっているのは、不登校、オタク、陰キャと呼ばれて、社会不適合者だと思われていた人たちの方です。ビル・ゲイツも、イーロン・マスクも、最近話題のOpenAI（オープンAI）のCEOサム・アルトマンもそうですよね。

これはこれからもっともっと加速します。2025〜2030年にはメタバース時代が到来します。

世界中の人が1日に8時間以上、メタバース空間ですごす時代になるのです。

時期のズレはあれ、こういう時代になることだけはほぼ確定しています。

「リアルの学校に行ってたような奴らは使い物にならん。1日中ゲームやってるぐらいのオタクじゃないと」と言われるような時代になるかもしれません。

07 下に見られたら勝ち

実は『不登校』『オタク』『陰キャ』『ニート』というのは、そのワード自体がネットの世界では最強クラスのバズワードなんです。投稿にその言葉を入れるだけでエンゲージメント（反応率）が高まると言っても過言ではありません。

なぜかというと、人は『自分より下』の存在を見つけて、優越感に浸りたい生き物だからです。

『不登校』『オタク』『陰キャ』『ニート』という自分より下の存在を観て、共感したり、同情したり、マウント取ったりしたくなっちゃうんですね。

例えば、私がコンサルした方で『35歳 独身男』というアカウントをやっている方がいます。

その方は、有名アトラクションパークで活躍していた元ダンサーで、いまは飲食店勤務。これからSNSを仕事にしていきたいと考え、まずは自分が発信する力を身につけたいということで私のコンサルを受講してくれました。

彼はスラッとしたイケメンで、多趣味で、元ダンサーです。ダンスか趣味かで動画をつくっていこうかな？　なんて言っていたんですね。

でも、私は彼の話を一通り聴き終えてからこう言いました。

「ダンスはつまんない。『35歳　独身男』にしましょう」と。

多趣味な彼は、まさか独身男で発信することになるなんて、思ってもみなかったでしょう。

でも、人はちょっとすごいぐらいのものにはそんなに心動かされないんです。

彼のダンスはまぁまぁすごいかもしれない。でもそれでバズりまくる未来はあまり見えませんでした。

それよりは、あえて『35歳　独身男』という、**人から下に見られるような発信をしよう**。その方が共感や応援を得られるだろう。そう考えたんです。

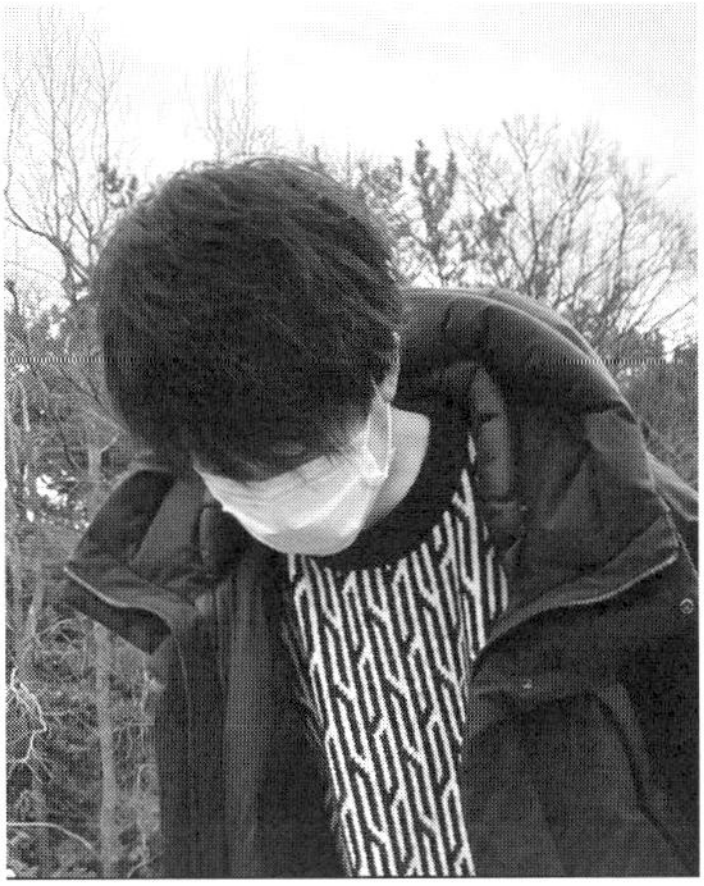

35歳の独身男

その戦略は見事にハマり、彼の動画はあっという間に数万回再生されるようになりました。

「大丈夫ですよ！　私も独身です！　気持ちよくわかります」

…というコメントが来た時、二人でガッツポーズしました。

同じような例で、私の動画制作チームメンバーに『元公務員ニート』というアカウントをやっている子がいます。

実は私の『リアルの教え子』です。彼の中学校時代3年間、音楽の教科担当として、音楽を教えていました。彼は俳優を目指して上京したんですが、まぁ俳優の世界もそう甘くはありません。生活が苦しいということで、いまは私の仕事を手伝いながら、俳優の下積み生活を続けています。

彼は何もしていなければ、ただの『元公務員』のフリーターです。ただの売れない俳優です。いまのままでは誰も見向きもしてくれません。

そんな彼が、SNSで一生懸命、自作の芝居動画を出しても、素人の演技なんて誰も観てくれません。

ところが、『元公務員』と『ニート』と『俳優志望』を掛け合わせるとどうでしょう?

「元公務員で、ニートで、俳優志望ってオワコンやんwwww」と笑う人たちが現れます。

でもそれを燃料にして、動画が再生され、本当に彼のことを応援してくれるファンも次第に増えていきます。


あえて、SNSで自分をすごく見せない発信をすることによって、多くの人に情報を届けることができるんです。

普通だったら人に見せたくないような弱みをあえて見せることによって、注目を集め、夢への足がかりをつくることができるんですね。

だから、『不登校』『オタク』『陰キャ』『ニート』など、弱みをもった人は実はSNSでは最強なんです。

元公務員ニート（俳優志望）

08 社会不適合者だからこそ救世主になれる

２０２１年末、日経トレンディの流行語に『TikTok 売れ』という言葉が選ばれて、大きな話題になりました。

それまで TikTok は女子高生が踊っているだけのアプリと思われていました。

私は２０２０年からずっと「TikTok はすごい！絶対にやった方がいい」と言い続けていたのですが、自称『マーケター』とか『集客コンサルタント』という人たちからは「TikTok をやってもビジネスにはつながらない」と言われたこともあります。

ところが２０２１年になって、急に **TikTok で物が売れることが社会現象化したのです。**

例えば、地球グミ、ラムネ餅などは売り切れ続出で、フリマサイトで転売されるまでになりました。音楽でも『香水』『ドライフラワー』『うっせえわ』などが流行り、音楽ランキングのほとんどはTikTok発の音楽で埋め尽くされたのです。

そして、この『TikTok売れ』の象徴とも言えるのが、筒井康隆さんの小説『残像に口紅を』です。この小説は筒井康隆さんが約30年前に出版した本。

それを2021年夏、ある若者がTikTokで紹介し、その翌日、全国の書店からこの本が消えました。30年前の小説ですから、在庫なんてありません。

しばらく出版社の電話が鳴り止まなかったそうです。

そうして結果的にこの小説は10万部増刷という快挙を遂げるに至りました。

本が売れない昨今、1万部売れたらベストセラーと言われる時代です。

そんな中で30年前の小説が10万部増刷されるというのは奇跡です。

この波を引き起こしたのは、『けんご小説紹介』くんという若者です。

私も仲良くさせてもらっているのですが、本当に温和でいい子です。

けんご小説紹介

彼はもともと人付き合いが苦手なコミュ障、社会不適合者だったそうです（自称）。

福岡から上京し、大学卒業後、大企業への就職が決まっていました。

でも、説明会に行っているうちに「自分がやりたいのはコレじゃない」と感じ、内定を断ってしまったそうです。

そうして、小さな会社に就職して、それからTikTokで小説を紹介しはじめました。

小説を読むのは大学時代からの趣味だったそうです。

そうしてコツコツ、TikTokで大好きな小説を紹介している中で、筒井康隆さんの小説を紹介し、一躍時の人になったのです。

彼は、いまでは『出版業界の救世主』とまで言われ、業界内で注目される存在になりました。

コミュ障でも、社会不適合者でも、好きなことを発信し続けて、インフルエンサーになれる。彼の活動はいまでも多くの人に勇気を与えています。

09 保護犬がインフルエンサーに！

実はこれは人間に限ったことではありません。

保護犬も、最強のインフルエンサーになれます。

保護犬というのは例えば、飼育放棄や悪徳ブリーダーの廃業などによって、殺処分されそうになったところを、保護団体が救い出した犬のことです。

私は愛犬家で、静岡に住んでいた時にはチワワを3匹飼っていました。

でも、東京に引っ越してくる時に、どうしても家の関係で、ワンコたちを連れてくることができず、いまは泣く泣く実家に預け、月に1度会いに行く生活をしています。

そのため、東京で一人の時には、愛犬のことを思い出しながら、SNSで毎日、犬の動画を観ています。
そんな中で、犬の保護をしている団体や、保護犬活動のことを知りました。
日本ではまだまだたくさんの犬や猫が殺処分されています。
保護犬を救うにはまだまだお金も人手も足りないそうです。
そういう現状を知り、自分も何か力になれることはないかと考えていました。

そんなある日、TikTokで、あるライブ配信を目にしました。
それは外国の保健所らしきところで、檻の中でワンちゃんたちが、隅に固まって
ブルブルと震えている動画でした。
カメラをジッと見つめる子、少しでも隠れようと他の子の間に頭を埋める子。
このワンちゃんたちはこのあと殺されるのでしょうか？

そんな映像が、ライブ配信で流されていたんです。
ワンコたちの鳴き声がグサッと心に刺さりました。

でも、それを観てひとつ驚いたことがあります。

なんと、いろんな言語で滝のようにコメントが入り、ものすごい量の投げ銭（ギフト）が投げられていたんです。

ワンコたちの姿が、**言葉の壁を超えて、世界中から支援**を集めていたのです。

「コレだ！」…と私は思いました。これだったら世界中から寄付を集められる。お金が集まれば、もっと多くのワンちゃんたちを救える。


私はすぐにSNSでこれを発信し、いくつかの保護犬団体とつながることができました。そしていま、ボランティアでSNS運用を手伝いながら、この仕組みを構築しています。


保護犬というのは本来は社会的弱者です。

殺されて、焼かれて、廃棄されるという、命の尊厳を失った、とても弱い存在です。

でも彼らも、一歩SNSの世界に出たら、超絶人気インフルエンサーになれるん

保護犬5匹と58歳の私 Lip

です。

そこに世界中から応援とお金が集まり、彼ら自身の力で、彼らの命を救うことができるんです。

また、最近私がプロデュースしたアカウントに『保護犬5匹と58歳の私』というものがあります。ご両親が亡くなり、残された古くて大きな家で、5匹の保護犬と暮らす女性の物語を描いたアカウントです。

こちらの女性も最初は「え!? 58歳なんて出しちゃって大丈夫ですか?」「保護犬の動画で伸びるんですか?」と半信半疑でした。

しかし、私の狙い通り、初期から何十万回再生を連発。あえて、保護犬という存在を前面に出し、さらに多くの女性が隠したがる年齢も全公開したことによって彼女の世界観に多くのファンが集まりました。

弱くていいんです。それがＳＮＳでは強みになります。

キミたちも同じ。自分なんて何もできない。自分なんてどうせダメだ。そう思っているかもしれないけど、それはね、実はものすごい強みなんですよ。

弱みを武器に、ＳＮＳの世界で発信していきましょう。

第2章
SNSは『弱み』を『強み』に変える
まとめ

□ 弱みも発信すればコンテンツになる！
弱みも発信すれば強みになる！

□ 『LGBTQ』『不登校』『オタク』『陰キャ』『ニート』など、弱みをもった人は実はSNSでは最強。

□ 弱くていい。
それがSNSでは強みになる。

第3章

失敗を怖がらない『マインド』を身につける

01 99%の人はやらないから上位1%になれる

やった方がいいのはわかっているけど、はじめられません。

ここまでいろいろとお話ししてきましたが、99%の人はやりません。

前章で見た通り、SNSは無限の力を持っています。

めちゃくちゃすごくなくてもいい。

むしろ弱いままでいい。

発信すればそれが強みになる。

でも多くの人はこう言います。

「まぁ…それはわかってるんですけどねぇ…」

そんな風にモゴモゴと口ごもらせてなんとなくやり過ごそうとします。

良い本を読んだ後もそう。感動する映画を観た後もそう。

やりません。だいたいみんなそうです。


いつまで経ってもやらない人は、いまやれない理由を並べ立てるのがとても上手なんです。


「いまは忙しい」

「私なんか発信することがない」

「周りからなんて言われるかわからない」

多くの人は、そう言い訳をして、やるのを先延ばしします。

でも逆に考えてみてください。めっちゃチャンスじゃないですか？

99％の人がやらないということは、やっただけで上位１％に入れるんですよ！

１００人出場するはずのマラソン大会で「ヨーイドン」で走りはじめて、後ろを見たら自分１人しか走ってなかった。

その時点で首位確定です。


実は私もそう。

ＳＮＳで教育について発信して、「日本の教育を変えよう‼」。

そんな風に息巻いている人はたくさんいましたが、実際に TikTok でここまでやり通した教師は一人もいなかったんですね。

だから日本一になれたんです。ただレースに出場して、後ろを振り返ったら誰もいなかった感じです。

そして、TikTok で有名になった結果、教育の専門家としてＴＶに出演させていただいたり、講演会に呼ばれたり、こうして本を出させていただいたり、いろいろできるようになりました。

私はたまたま『教育』というジャンルでＳＮＳに参入したわけですが、まだまだガラ空きのジャンルはたくさんあります。

例えば、ビジネス書紹介。これはあまりいません。

あとは、お茶、飲み物、男性用下着、コンビニスイーツなどなど。

ちょっと考えただけでもガラ空きのジャンルはまだまだたくさんあります。

なにかとなにかを掛け合わせたら、もっとたくさんあります。

例えば、『料理系』だと広いですが、料理×薬草とか、料理×ホットプレートとか、料理×再現レシピとか。


キミが得意なものと掛け合わせたらいいんです。

そしたら、参入するだけ。それだけでそのジャンルのパイオニア、第一人者になれます。

まずは一歩踏み出すだけでいいんです。

この章では、キミが『やらない理由』（言い訳）をひとつひとつ消していきたいと思います。

02 夢は公言しなくていい

やると宣言して、やりきれなかったり、失敗したりするのが嫌です。

自己啓発書なんかを読むと「夢を周りに宣言しよう」と書いてあるじゃないですか？

「夢を宣言することで自分自身を追い込める。周りからも応援してもらえる」って。

あれっていまの若者はあまり好きじゃないですよね。

だって、ＳＮＳで宣言しちゃって、３日坊主で終わったら『黒歴史』になりますからね。余計に自信を失います。

私もそう思います。ドヤ顔で宣言しておいてできなかったら、もうアカウント消したくなります。

そんなことを想像しているうちに、気が重くなって、やっぱり辞めておこうと思ってしまうのです。

だから私は先に宣言したりしません。夢を公言する前に、ちょっとだけやってみます。それで「あ、できそうだな」と思ったら、いかにもいま思いついたかのように高らかに宣言するんです。

ズルいでしょ？笑

でも全然それでOK。

公言して、そのせいで気を病むぐらいだったら、公言なんてしなくていいです。

夢だって、やりたいことだって、目標だって、途中で変わっていいんですから。

まずはちょこっとやってみましょう。

例えば、キミがコンビニスイーツを紹介するアカウントを作りたいとしましょう。

その際にいきなり、

「コンビニスイーツ紹介アカウントはじめます！　スイーツ界のヒカキン目指して毎日投稿します‼」

なんて宣言しちゃうと、さすがに恥ずかしい。


だから私だったら、そんな宣言する前にこっそりはじめてみます。

こっそり2〜3投稿してみるんです。

投稿してみてはじめて気づくことって、たくさんあるんですね。

例えば、毎日投稿しようと思ったけど、編集間に合わんとか、毎日食べるのは意外とキツイとか。

やってみたら意外と好きじゃなかった、なんてこともザラにあります。

投稿してみてはじめて、こういうことに気づくんですね。

だからまず投稿してみて、いけそうだなと思ったら「アカウントはじめました！」
と宣言すればいい。

もし無理だったらコッソリ辞めればいいんです。
周りに気づかれることなんて滅多にありません。
例え1000万回再生されても、国民の大半は見てないですからね。
だから、高らかに宣言するよりも前に、まずはやってみることです。

03

ヘタクソだからこそバズらせることができる

まだまだ全然ヘタクソだから発信しても意味ないし、私なんかがやるのは恥ずかしい。

例えば、キミが英語が好きで、いつかは英語を使う仕事をしたいとしましょう。

でも、キミはこう思うでしょう。

「私なんか全然ネイティブレベルじゃないし、資格もないし…。もっとすごい人はたくさんいるから、私なんかが発信するのは気が引ける」

そう考えて、発信をためらってしまいますが、これはものすごい勘違いです。

『まだ下手なキミ』にも、SNSでバズる方法が3つもあります。

①初心者向けに発信する
②うまくなる過程を見せる
③あえて下手な様子を見せる

①初心者向けに発信する

英語の基礎の基礎を教えるとしたら中学生レベルの英語でも十分ですよね。また発信することで、自分の学習の定着にもつながります。

②うまくなる過程を見せる

「100日後に留学する大学生」というような見せ方で、自分が成長する過程を見せるのもとてもおもしろいコンテンツになります。

③あえて下手な様子を見せる

「英語ぐらい話せねーと恥ずかしいよ!?」と言いつつ、「あい あむ あ ボーイ」と超カタコト英語をしゃべっていたらどうでしょう?

あえて自分を下に見せることによって、おもしろいコンテンツにすることができます。

だから、**全然ヘタクソでいいんです。むしろヘタクソだからこそバズらせることができると言っても過言ではありません。**

逆にもちろん専門家でもバズる方法はたくさんあります。専門家と言っても、プロレベルの人から、ただ資格を取っただけの人までいろいろいます。

例えば、野球のコーチと言っても、プロとして活躍していた人から、元高校球児、中にはほとんど野球経験がない人までいて、何が資格がないとできないわけではありません。

もし『うまくないとダメ』理論で言ったら、イチローレベルの人じゃないと野球を教える資格がないという話になってしまいます。

ではなぜ野球経験のない野球コーチまで存在できるのかというと、求められているものが違うからです。

プロを教えるとしたら、プロ並みの経験や技術が必要ですが、はじめたての小学生を教えるとしたら必要ありません。

基本的なことだけわかっていれば、あとは『わかりやすさ』『面倒見の良さ』『優しさ』などのほうが優先されるでしょう。

私は元教師として発信していますが、オルタナティブ教育がどうとか、教育基本法第4条がどうとか、一度も言ったことはありません。

小学生でも理解できるような発信を心がけています。

だからこそ、多くの人から視聴され、専門家として認知を広げることができたのです。

04 発信するネタがなくても悩む必要はない

発信しろ……と言われても、そもそも発信するネタがない

それでも大丈夫。何もない人間なんていません。

前述した通り、捨てられたワンコですらもコンテンツになるんです。障害があってしゃべれない人がライブ配信をして、それでバズっている事例もあります。

キミにだけ何もないはずがないんです。

私はSNSについていままでに数百人の相談に乗ってきましたが、「私は特に発信できることがなくて…」と言っている人で、本当に何も出てこなかった人は一人もいません。

むしろ、本当に何もないとしたらものすごく珍しい例なので、それをネタに発信してほしいくらい（笑）。

実は多くの人は「自分には何もないと思っている」「自分には発信できることがないと思っている」だけです。

「発信するネタがない」という人は次の2つのことをやってみてください。

① 未来までの人生曲線を書いてみる

キミのコンテンツはキミの人生の中にあります。

キミの人生の中で、

・どこが一番幸せだったのか？

・どこが一番どん底だったのか？

この二つを曲線にしてみてください。

幸せだった地点、どん底に落ちた地点、そこから上がった地点、そしてこれから

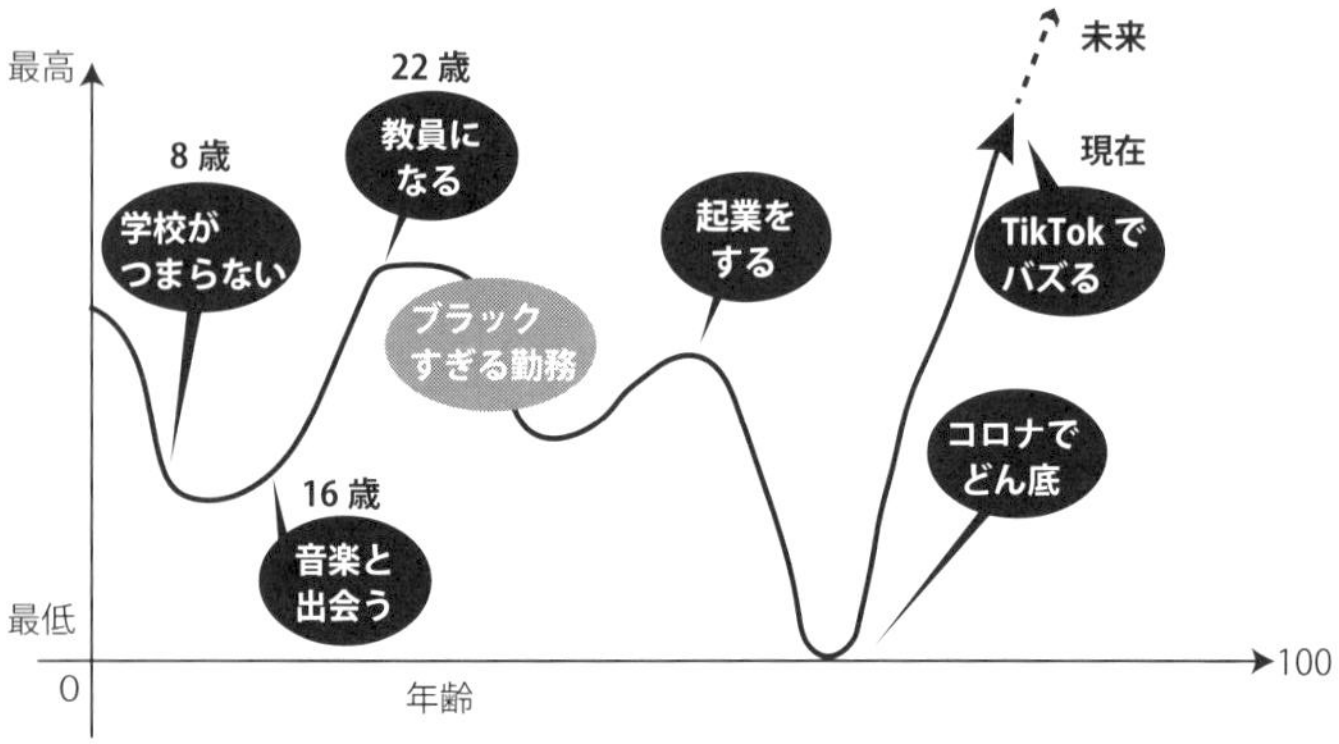

どうなるか？

そこにキミの人生のネタがあります。

ポイントはキミが25歳だとしたら、10年先、35歳までの未来も曲線に書くことです。

もし、いまがどん底だと感じたら、どんなネタができますか？

SNSでバズりやすい鉄板ネタとして、「100日後に○○する●●」というテンプレがありますが、「これからどうなっていくのか？」もネタにして良いのです。

② 知り合いに聞いてみる
知り合いや家族、友だちに「僕がどんな発

信じたらおもしろいと思う?」と聞いてみるのもひとつの方法です。

例えば、「自分では全然当たり前だと思ってたんですけど、周りの人から勧められて料理の発信をしてみたらバズりました」という人がいます。

私に「話し声がステキですね」と言われて、読み聞かせのような形式の動画を出してバズった人もいます(それまで読み聞かせなんてやったこともなかったのに)。

キミの当たり前は、周りから見たらものすごい特技だったりするんですね。

ただ、気をつけないといけないのは「友だちからこんな動画出してよと言われたから出してみました」というパターンは、大ゴケすることも多い、ということです。

友だちは友だちフィルターをかけてキミを観ていますから、友だちがおもしろい、友だちが観たいコンテンツと、世間がキミに求めているものがズレている場合もあるのです。

あくまでもひとつのヒントと考えましょう。

05 アンチの心配なんてしなくていい

もしアンチが来たら、どうすればいいですか？

アンチが来るかもしれないので、発信するのが怖いです。


こんな心配をして発信をためらう人がいます。

でもそんなものは、まっっっっったく心配する必要なんてありません。

「交通事故に遭うのが怖いから外を歩きたくない」

と言う人がいますか？

「心臓麻痺になるかもしれないからプールに入れない」

と言う人がいますか？

キミの心配はそれと同じです。

まだ来てもいないアンチを恐れるなんて、そもそもバカげています。

まだ来ていないだけではありません。ほとんどの人にはアンチなんて来ません。

多くの人から注目を集められて目立つからアンチが来るのです。

ほとんどの人は、人から観られる前に、諦めて辞めていきます。

だから、ほとんどの人にはアンチなんて来ないんです。

アンチが来るなんてむしろラッキーです。

それだけ注目されているということだから。

そこまで行けたなら、むしろもっと突き進むべきです。

普通はそんなところまで行けないんですから。

ただ、いま、ＳＮＳでの誹謗中傷が社会問題になっていることは確かです。

それで命を落とす人すらもいます。

私が TikTok で有名になりはじめたばかりの頃にも、ものすごいアンチコメントが来ました。

「教師辞めた奴が何言ってんだ」

「こいつの言ってることは全部ウソ」

「同じ教師として恥ずかしい」

「ヒゲ剃れ」などなど。


キミが運よくインフルエンサーになった時にも、もしかしたらアンチの心無い言動で心が折れそうになることもあるかもしれません。


そうなった時に、乗り越えるための『考え方』を教えますね。

それは「アンチはごく一部に過ぎない」という考え。

普通に社会生活を送って、幸せな人生を歩んでいるような人は、そもそもアンチなんてしないんです。

アンチコメントが来ると「みんなから嫌われているんじゃないか?」と思ってし

まいがちなんですが、そういうわけではありません。

そんなこと思っている人はごく一部なんです。

むしろ「いいね！賛成！」という人はわざわざコメントを書かないことも多いです。

なんかうまくいかなくてムシャクシャしている、ごく一部の人が書いているにすぎません。

だからまったく気にする必要ないです。

アンチしない大半の人＝サイレントマジョリティは、キミを応援してくれています。

06 お金の心配なんてしなくていい

好きなことを発信しても、お金にするのは難しいのでは？

お金がないと生きていけないでしょう？


人が夢を諦める大きな要因のひとつはお金です。

子どもの頃、大人に夢を語って、

「そんなんじゃ食っていけない」

「安定した仕事に就きなさい」

と言われて傷ついた過去がある人も多いと思います。

ＳＮＳではインフルエンサーが、

「SNSで好きを仕事に」

「好きなことで、生きていく」

なんてよく言っていますが、それが絵空事に聞こえてしまうのは、やはりそんなことでお金が入ってくるイメージが沸かないからで、結局、お金がなければ続けられなくなってしまうし、最悪、路頭に迷ったり、野垂れ死にしてしまうかもしれない。

悪いビジョンが頭に浮かぶ人も多いでしょう。


でも安心してください。

いまの日本で、**お金がなくて野垂れ死ぬというケースはとても少ないのです。**

もし食い扶持を失ってしまったらアルバイトでもすればいいし、働けなくなった人のために生活保護という制度もあります。

ましてや実家がある人だったら、そこに転がり込むという選択肢だってあるはずです。

「この年でアルバイトするなんて恥ずかしい」

「いまさら実家暮らしなんてカッコ悪い」

というキミ。

ほら、結局、気にしてるのは『周りの目』でしょ？

「周りから下に見られたくない」という虚栄心のために、自分の人生の選択肢を制限してしまっていいのでしょうか？

ホントに心配なのはお金ではなく、「失敗して周りからバカにされること」なんですね。


でも、ホントにやりたい人はなんだってやるんです。

人からどう思われようが、バカにされようが、手段を選ばずに突き進めばいいんです。


お金なんて、あとからどうとでもなります。

いまこの本を読んでいる人の中に「お金のせいで死んだ経験」がある人はいませんよね？

（いたら読んでいませんからね）

…ということは、いままで生きていくために「必要なお金はあった」ということです。

お金がないお金がないと言っても、なんとか生きてこれたわけですから。

おそらくこれからもそうでしょう。

だから大丈夫。

私は音楽と社会科の先生なのでよくわかりますが、歴史に名を残す芸術家や小説家（つまり好きを仕事に生きてきた人たち）の中で、生前からお金に恵まれていた人たちはほとんどいません。

ベートーヴェンも、ゴッホも、樋口一葉も、生前は貧乏でした。
それでもやり続けたんですね。
彼らがお金の心配ばかりしていたら、創作活動なんてできなかったでしょう。

やりたかったのか、やるしかなかったのか…。
もしかしたらそんなことすらも考えていなかったのかもしれません。

そういう私もいまは人並み以上の生活ができるようになりましたが、数年前までは貧乏のどん底でした。
教員を辞めて、貧乏ボイストレーナーとして生きていた2020年3月、コロナですべての仕事を失ったからです。

自己破産するためのお金がないぐらい貧乏でした。
コンビニのおにぎりを買うのにも10分以上悩むぐらいです。

特にツラかったのは、愛犬のご飯が買えなくて安いドッグフードに変えた時、そして、大学時代にアルバイトして買った思い出のトランペットを売った時です。自分の青春が消えた気がしました。

それでもお金がなかったんで、親に頭を下げてお金を借りたこともあります。

仕事もお金もすべて失った私に、手段を選んでいる余裕はありませんでした。

もしYouTubeでバズるのがあと数ヶ月遅かったら、アパートも引き払って実家に転がり込むところでした。

そんな状態でも生き抜いたのです。

そりゃその時は恥ずかしかったし、惨めでしたよ。

でも、**必死に生き抜いたらお金は後からついてきました。**

そして、どん底を経験したからこそ、その後、大ジャンプすることができたのだと思います。

07

忙しさを理由にしたら何もはじめられない

いまは仕事が忙しいし、お金もないので、まだはじめ時じゃない。もうちょっと落ち着いたらはじめたい。

これもよく言われます。でもこういう人は一生準備が完了しません。

それに私から言わせたら、「仕事が忙しいからSNSができない」「お金がないからSNSができない」というのは、実は本末転倒なんです。

なぜって、「そういう人生を変えるために」SNSをやるんでしょう?

そりゃ忙しい状態にどっぷり浸かっていたら、何も変わらないままですよ。

そこから一歩動かなきゃ。その一歩がSNSだと私は思うんです。

例えば、「いつか起業して自由に生きたい」と思っているとしましょう。どんなに起業の準備が万全だったとしても、それなりのリスクを背負って、会社をやめなければなりません。

ところが、SNSなら仕事しながらでもできるんです。

1日1~2時間の稼働でバズらせている人もいます。

また、起業してお店を持ちたいとしたら、どんなに少なくとも200~300万円はかかるでしょう。

でも、SNSなら0円でできます。うまくやれば仕入れも必要ありません。

時間的にも、資金的にも圧倒的に低コストではじめられるのです。

私はコロナで仕事を失って、一文なしの状態でYouTubeをはじめました。

コロナで求人もない、事業をはじめるお金もない、あの時の私にできたのはSNSしかなかったんです。

そんな**どん底からでもＳＮＳを活用すれば逆転する**チャンスはあります。必要なのはスマホだけ。自己資金ゼロでもはじめられるんです。

しかも、低コストではじめられるということは、リスクが低いということです。失敗してもお金を失うわけではないので、恐れる必要はありません。

「仕事が忙しい」「お金がない」「現実を変えたい」「人生から抜け出したい」と思うなら、ＳＮＳほど活用できるツールはないのです。

しばらくしたら落ち着くだろうなんて思っているうちに何十年も経ってしまいます。

私の母は60歳を超えて、最近、仕事を引退したのですが、いまだに口癖は「忙しい」です。

60歳超えても、仕事辞めても忙しい人は忙しいのです。

一生準備期間で終わらせないためにも、いまやりましょう。

08
いつはじめても遅くないけど いましかない

いまさらはじめても遅いんじゃないでしょうか？
まだ間に合いますか？

『先行者優位の法則』というのをご存じでしょうか？

SNSは一番最初にバズった人たちが、最終的には一番利益を得られると言われています。

これはたしかにあります。いまからYouTubeをはじめてもHIKAKINやはじめしゃちょーを超えることはほぼ不可能です。

別の例では、2021年に流行った音声SNSのClubhouse。

招待制のため、なかなか入ることができず、招待コードが転売されていたぐらい、話題になりました。

私は少し入るのが遅くなって、たしかオープン3週間後ぐらいだったんですね。

その時、Clubhouseではよくこんな会話がされていました。

「あなた、はじめたのいつ？」

「私はリリースされて3週間後ぐらいです」

「あー、私はじめたのはリリースから3日後だったから。あの頃はよかったな」

「だいぶ変わったみたいですね」

「もう『後発組』も入ってきてるし、そろそろ引退しようかな？」

わずか、1、2週間の差で、マウントの取り合いをする。

それくらい先行者というのが優位なポジションを確保できる。

それがSNSの世界なんです。（これはちょっと極端な例ですが…）

この例からすると、ハッキリ言って、いつはじめても遅いんです。

最初にはじめた人たち以外は、みんな後発組なんですね。

今日はじめる人よりも、昨日はじめた人の方が有利なんです。

しかし、逆を言えば、実は、**いつはじめても遅くない**とも言えます。

例えば、2005年ごろ一世を風靡した『ブログ』。これってオワコンだと思いますか？　いまでもブログで稼げている人はいるんです。それは事実です。

また例えば、『メルマガ』というとオワコンだと思いますか？

いまどき、メルマガよりもLINE公式アカウントだと思いますよね？

でも、某有名作家&YouTuberの先生は、「LINEなんてやってない。私の一番の集客口はいまでもメルマガだ」と言っていました。

つまり、まとめると、こういうこと。

- **SNSはいつはじめても遅い。少しでも早くはじめた方がいい。**
- **だけど、いつはじめても切り口次第では攻略法はある。**

遅いか早いかなんて考えてる時間がもったいないです。

1秒でも早くはじめましょう。

09 自分のキャラは隠してもいいし、使い分けていい

私のキャラをどう活かせばいいかわかりません。

本書のタイトルは『弱いままのキミでバズる』ですが、必ずしも「弱い部分をさらけ出しなさい！」と言うつもりはありません。ここは誤解してほしくないところです。

当然、人に知られたくない部分は誰でもあるのです。

ただ「キミの弱みが武器になることも多いから、そのままでも自信持っていいんだよ」ということであって、すべてをさらけ出さないといけないわけではありません。

むしろ、**自分のキャラを隠したければ、隠してもいいんです。使い分けてもいい**

んです。それがＳＮＳの良さです。

メタバース時代にはもっとそれが加速します。

私は「いつも TikTok 観てます‼」という人に会うとよくこう言われます。

「リアルだと意外としゃべらないんですね」

当たり前でしょ（笑）。居酒屋とかであの勢いでしゃべりまくってるオジさんがいたら、浮きますよ（笑）。

あれは演技です。ああいうキャラを作ってるんですね。

ドラマだってそうでしょ？　与えられた役に応じて、役者さんが演じているんですよ。演じる中で、その役者さんの持ち味が滲み出てくるわけで。はじめから「私が私が」ではないんですね。

若い人気 TikToker たちに会うと、ビックリすることがあります。

動画の中では踊ったり、叫んだり、机叩いたり、過激なことをやっている

TikTokerでも、会ってみると意外とマジメなことが多いんです。

「杉山先生〜〜〜!!!!! ウェ〜イ!! 動画撮りましょ〜!!」みたいな感じの子が来ると思いきや、

「あ、はじめまして。いつも動画観て勉強させてもらってます」と言われてこっちが拍子抜けしたことが何度もあります。

実は彼らは、自分が視聴者から求められているTikToker像をちゃんと把握して、それを演じていたんですね。もちろん彼ら自身も演じることを楽しんでいます。

人は、社会で生きていく上で、ある役割が求められ、それを演じて生きています。

これは誰しもそうです。

もちろん、そのままのキミでも強みはたくさんあります。

でも、求められる役割や、自分がなりたい理想像を演じてみるのも、それはそれで良いのです。

理想の自分を演じているうちに、いつの間にか現実の自分と理想の自分が近づい

ていくこともよくあります。

だから、「素を出さなきゃ」と思わなくても良いのです。

演じることを楽しんでみてください。

リアルとSNS、キャラクターは使い分けてもいいんです。

例えば、リアルではマジメなサラリーマンが、SNSではフェミニンなキャラになるのもいいでしょう。

普段はポジティブなのに、SNSではネガティブ全開キャラという人もいます。

ある意味ではそれでバランスをとっているのかもしれません。

もしかしたらなりたい自分になっているのかもしれません。

メタバース時代になったら、見た目は女子高生、中身は中年男性という事例は確実に多発するでしょう。

自分のキャラから解放されて、なりたい自分になってみてはどうでしょう？

10 ダメならまたつくり直せばいい

バズらなかったら『黒歴史』になりそうで怖いです

こんな心配している人も多いです。

でも大丈夫。ほとんどの人はバズらないので、それが平常です。

SNS時代の人々の感情として『黒歴史』を恐れる気持ちがとても強いです。

キミたちも中高生の時から「SNSで変な投稿したら一生消せないからね」と言われ続けてきたでしょう。それはたしかにそうです。

ただし、それは『大炎上した時』の話です。

大炎上したら一気に拡散され、切り抜きやスクショが保存され、消えることはありません。例えば、おでんツンツン事件とか、スシローペロペロ事件とか、議員の暴言事件とか、そういうのは何年経っても事あるごとにネタにされたりします。

でも、それは『極端な事例』です。例えば、飛行機事故があると、人々は「飛行機に乗るのが怖い」と思うようになります。

しかし、実はデータを見てみると、飛行機事故より、自動車事故の方が発生する確率が高いので、統計的には自動車の方が危険なのです。

一部の極端な事例に影響されて、認知が歪んでしまうことを心理学では『認知バイアス』といいます。


SNSでも極端な事例ばかりが強調されてしまうため、ちょっとでも失敗すると一生デジタルタトゥーが刻まれるように思われがちです。

でもよほどの大事件にならない限りは、『黒歴史』になどなりません。

（もちろん、犯罪とか事件を起こしたら一気に拡散されます）

例えば、私がTikTokをはじめたばかりの2020年ごろ、人気の高校生

TikToker、大学生TikTokerがたくさんいました。

ちょっと過激なネタ動画やふざけたダンス動画などをたくさん投稿して、私なんか比べ物にならないぐらいの人気を博していました。

私はそんな彼らを見て「この人たち、就職とかどうすんだろ?」と思っていたんですね。

例えば、お店で働いている時に、お客さんがたまたま彼らのことを知っていて「あー‼ ○○だー!」みたいなことになるんじゃないか?

そして、後から上司に呼び出されて事情を聞かれる…みたいなことが起こりかねないんじゃないかな、と、老婆心ながら心配していました。

でも、数年経って彼らの話を聞いてみると、普通に就職しているらしいんですね。昔の恥ずかしい動画を削除したり、中にはアカウントを削除したりした子もいますが、とにかく普通に社会生活を営んでいます。

街で声をかけられることもないとのこと。

フォロワー何十万人もいた人気の TikToker ですらもそうなんです。活動していなかったら、自然と忘れ去られていくんですね。

ましてや一般人だったら、黒歴史が永遠に刻まれるなんてことはありません。だって、その前にほぼ見られないんですから。

だから黒歴史なんて心配する必要はないんです。

動画出してみて、滑ったら消しましょう。がんばったけど、全然ウケなかったアカウントはコッソリ非公開にしましょう。それでいいんです。

もしかしたら、友人ぐらいは「あれ？ あのアカウントどうなったの？」と聞いてくるかもしれませんが、「いや～ちょっといろいろあってね」とかテキトーに誤魔化しておけばいいんです。

そして、堂々とアカウントをつくり直して、再チャレンジすれば良いのです。

失敗してもいいんです。SNSの世界では、人は何度でもやり直せます。

11 無理にバズらせなくてもいい

がんばってもバズらなかったらどうすればいいですか?

本書のタイトルは「弱いままのキミでバズる」というタイトルですが、**実はバズることはそんなに重要なことではありません。**

本書でいう『バズる』とは、単純にSNSで数字が取れるというだけの意味ではありません。もっと広い意味で、人々から知ってもらい、求められたり、応援されたり、人気になったりするという意味で定義しています。

私が言うのも変ですが、SNS時代に生きる人々はそもそも『バズる』ということに敏感すぎるのです。

ＳＮＳコンサルタントの仕事をしていると
「何回ぐらい再生されたらバズってると言っていいのでしょうか?」というような質問をとてもよくもらいます。

そんなん別に自分で決めれば良いのです。フォロワー１００人の人だったら、１万回再生されたらバズってると言ってもいいし、逆にフォロワー10万人の人だったら、１万回でも滑ったと思うかもしれません。
同じ数字でも人それぞれ感じ方は違うんです。
『日本バズり協会』みたいなのがあって、明確な基準が定められているわけではありません。

そもそも、SNS時代の人々は、数字の感覚がバグっています。
２０２２年に人気 YouTuber のコムドットがチャンネル登録者数４００万人を突破して話題になりましたが、いまの人たちはそういう数字に慣れすぎています。

よく考えてください。100人の人が動画を観てくれるとしたら、それだけですごいことだと思いませんか？

1000人もの人がフォローしてくれたら、ものすごくうれしいことですよね？

10年前にはX（Twitter）で1000人もフォロワーがいたら、有名人と言われていました。数年前までフォロワー1万人のインスタグラマーと言ったら、超インフルエンサーでした。

でもいまはフォロワー1万人と聞いても、「へー、まぁまぁだね」ぐらいにしか思わないでしょう。数字感覚がインフレしているのです。

ショート動画の運用代行の仕事をしていると、こんな風に言われることがよくあります。

「今日の動画、1000回しか再生されてないんですが、バグかなんかですかね？」

いや、バグってるのは現代人の感覚の方です。

原点に立ち返りましょう。1000回も観ていただいていたら、感謝感謝ですよ。

100人がフォローしてくれたら御の字です。

ビジネス的な観点からしても、フォロワーが少なくても十分にビジネスにつなげている人はたくさんいます。

特に専門的な情報を発信している人で、高単価サービスを持っている方（例えば投資など）の中には、フォロワーがそんなに多くないのに、毎月何十万も売り上げている人はたくさんいます。フォロワー1万5千人ぐらいの地方の飲食店でも、十分に集客できている事例もあります。

もちろんフォロワー数や、再生数は、多ければ多い方が良いですが、ビジネス的に考えてもそこにこだわる必要ないのです。

基準を上げすぎず、まずは数百人に知ってもらうこと。それを地道に繰り返していくうちに、**人々から求められ、応援されるキミになっていきます。**

第3章
失敗を怖がらない『マインド』を身につける
まとめ

□ 99％の人は言い訳を並べ立てて、結局やらない。

□ 99％の人がやらないということは、やっただけで上位1％に入れるんですよ！

□ ほとんどの人にはアンチなんてこない。

□ 黒歴史が怖ければまずはコッソリやってみればいい。

□ 動画を出してみて、滑ったら消せばいい。

□ SNSの世界なら何度でもやり直せる。

第4章

キミはいますぐ、なりたい自分になれる

01 はじめないと自信なんて生まれない

優秀な女性にとても多い傾向なのですが、こんな人がいます。

「まずは〇〇入門講座を学んで、その後、上級コースに進んで、そうしたらマスターの資格が取れるので、それからSNS発信をはじめたいと思います」

学んで、学んで、学び尽くしてからじゃないと、人に教えたり、発信したり、ビジネスにしたりできないと思っているのです。

こういう人、実際にマスターの資格を取った後、どうすると思いますか?

こういう人はだいたい『別の講座』を受けはじめます。

学んでも学んでも、まだ足りない。まだ自分なんかにやる資格はないと思ってしまうんです。本当はとても優秀なのに、自分に自信がない。だから学び続けてしまう。

でも、本当の自信というのは、机上の学びではなく実践の先にしかありません。10年かけてサッカーの基礎から戦略まですべて頭に叩き込んでも、プロのサッカー選手にはなれないでしょう？

これはSNSでもなんでも同じです。**重要なのは実践力なんです。**実践の中で学ばなきゃいけない。

私の3ヶ月のSNSコンサルティングを申し込まれた生徒の中には、「とにかく先にマニュアルをすべてほしい」という人がいます。

それに対し、私は基本的には「ひとつずつやっていきましょう」と伝えています。

まずは企画してみて、送ってください。次に台本を書いてみて、送ってください。

まずはそこからはじめましょう、と。

最初にマニュアルをすべて読み込んで、戦略を熟考していたら、あっというまに1〜2ヶ月経ってしまいます。2ヶ月間、マニュアルを読んで完璧なマーケティング戦略を考えていた人よりも、2ヶ月間、動画を出し続けた人の方が断然強いです。

「自信がないです」という人は小さなところからはじめてみましょう。おすすめは『今日の学び』を発信すること。それだったら、自分に自信がなくてもできますよね。

まずは手軽にはじめられるX（Twitter）とか、Instagramのストーリーで大丈夫です。自分の学びをアウトプットしましょう。

それを1ヶ月続けられたら、今度はいくつかの投稿をまとめて、長文の投稿にしてみるとか、ブログにしてみるとか、次のステップに進んでみてください。

そんな小さな一歩を踏み出し続けているうちに、自然と自信もついてきます。

3ヶ月も続けたら、自信を持って『○○系発信者』と言えるようになっているはずです。

02 オリジナリティなんてなくていい

もうひとつ多くの人が勘違いしているものがあります。

それは『オリジナリティ』についてです。

実は個性やオリジナリティなんてものは後からついてくるものなのです。

もともとあるわけではありません。やっているうちに生まれるものなのです。


ここを勘違いしていると、発信するのをためらうようになってしまいます。

「私はオリジナリティがないからダメだ」とか「オリジナルのものを考案しないといけない」という発想にハマってしまうのです。

最初からオリジナリティを持って戦えるのは、天才だけです。天才は一握りしかいません。

この本を読んでいるキミも、そして私も、天才ではないのです。まずは人のマネをするところからはじめてみましょう。

例えば、もし「杉山さんみたいにトーク系 TikToker になりたい」と思ったら、まずは私の動画を徹底的にマネしてみてください。

そう言うと「え、マネしていいんですか？」と驚く人がいます。

マネには『良いマネ』と『悪いマネ』があります。

例えば、少し前に YouTube で『激辛カップ焼きそばを食べる』という企画が流行りました。いろんな YouTuber がやっていましたが、それを見て「パクリだ！」という人はいませんよね？　つまり、テーマや企画はマネしても良いのです。

【良いマネ】

〇テーマをマネる

〇企画をマネる

〇やり方をマネる

〇編集の仕方をマネる

【悪いマネ】

✕ 内容をそのままマネる

✕ とにかくいろいろな人をマネる

また、例えば、字幕の形とか、効果音とか、映像の撮り方とか、そういうのもみんなマネし合っています（そもそもYouTubeはＴＶのマネ、ＴＶは映画のマネから始まっているんですから）。

もし私がソファーに座って撮影したからと言って「HIKAKINの撮り方をパクってる」と騒ぐ人はいないでしょう。

特にショート動画の世界では、ダンスやリップシンク（口パク）をマネし合う文化があります。これを『ミーム』と言います。

かわいい女の子がかわいくダンスしているのを誰かがマネして、それを見た他の人がまたマネする。そういうミーム文化から、ショート動画は発展していったのです。

いま、日本のインフルエンサーの中で流行っている手法は、アメリカや東南アジア、韓国などで流行ったダンスをいち早く日本に輸入することです。思惑通りバズることも多いのですが、それをパクリだと非難する人は誰もいません。

それどころか、最初から100％オリジナルで発信しようとする人は、ほぼうまくいきません。

そのプラットフォームにはそのプラットフォームの文化があるのです。

例えば、Facebookではよく「お友達申請させていただきます」とか「お友達申請の許可、ありがとうございます」というようなDMが送られてきます。

しかし、X（Twitter）やTikTokでそれをやったら「迷惑だ」と思われることが多いでしょう。

同じダンスでも、バレエとHIPHOPで全然違うのと同じです。

もしバレエのコンクールに出場して、いきなりオリジナル創作ダンスを披露したら、観客は唖然とするでしょう。

でもSNSだとこういう過ちを犯してしまう人がとても多い。

まずはマネすればいいのです。誰かの発信を参考にすれば良いのです。オリジナルの型をつくるよりもその方がよっぽど簡単で、近道です。

03 流行りに乗ればいい

流行りに抵抗する人がいます。

例えば、Clubhouse が流行った時には「音声アプリなんてつまらない」と言ったり、TikTok が流行りはじめた時には「あんな女子高生が踊ってるだけのアプリ、やっても意味ない」と言ったり。

でも、**とりあえず流行ってるものに乗ってみるという姿勢は、SNSの世界ではとても大事なこと**です。

やってみて「あ、違うな」と思ったら辞めればいいだけですからね。

Instagram でも、YouTube でも、Clubhouse でも、TikTok でも、一番大きな成功を手にしたのは、初期からはじめてやり続けた人たちです。

将来なりたい職業〔複数回答形式（3つまで）〕※中学生の回答結果を表示

	男子中学生 (n=100)	%
1位	IT エンジニア・プログラマー	24.0
2位	ゲームクリエイター	20.0
3位	YouTube などの動画投稿者	17.0
4位	プロスポーツ選手	16.0
5位	ものづくりエンジニア（自動車の設計や開発など）	13.0
6位	公務員	11.0
7位	学者・研究者	10.0
	社長などの会社経営者・起業家	10.0
9位	教師・教員	9.0
	医師	9.0

	女子中学生 (n=100)	%
1位	歌手・俳優・声優などの芸能人	19.0
2位	絵を描く職業（漫画家・イラストレーター・アニメーター）	14.0
3位	医師	13.0
4位	公務員	11.0
5位	文章を書く職業	10.0
6位	保育士・幼稚園教諭	9.0
7位	教師・教員	8.0
	ゲームクリエイター	8.0
9位	デザイナー（ファッション・インテリアなど）	7.0
10位	YouTube などの動画投稿者	6.0
	マスコミ関係（記者・TV 局スタッフなど）	6.0

中高生が思い描く将来についての意識調査 2017（ソニー生命保険）をもとに作成

先行者が一番おいしいのです。先ほども挙げた『先行者優位の法則』です。

特にSNSというのは、時代の波に乗ること大事。明らかなビッグウェーブが来ている時は、すべてを捨ててでもそれに乗った方が良いのです。

後から巻き返すこ

ともできますが、初期と比べて攻略の難易度は高くなります。

ビッグチャンスは二度はありません。

例えば、２０１８年～２０２１年ぐらいにかけて、YouTube バブルと呼ばれるYouTube 全盛時代がありました。

２０１７年ごろから、「YouTuber が稼げるらしい」という報道がなされるようになり、同年、男子中学生が将来なりたい職業ランキングで『YouTuber』がはじめて第3位に選ばれました。

そこから世間の注目が一気に高まり、情報感度の高い芸能人や企業、専門家たちがこぞって YouTube に参入しはじめたのです。

ビジネスの世界でもそう。ビジネス系 YouTuber と呼ばれるインフルエンサーたちも一躍時の人となりました。私もその最後尾あたりを走っていた人間の一人です。

実は、この時、この波に乗り遅れた人たちがいます。

「いや、動画ってさ、観るのに時間かかるでしょ？　やっぱ情報収集の王道はいつの時代も活字ですよ」

そう言っている大物マーケターたちも多かったのです。

そうして波に乗りそびれ、いまも後悔している人たちが大量にいます。

SNS講座などを開くと「あの時やっておけばな〜。俺もいまごろインフルエンサーだったのに…」というセリフをよく耳にします。

でも、いくら後悔しても、あの大波が巻き起こることは二度とないでしょう。

別のプラットフォームが大波を起こすのを待つしかないのです。

いまで言うと、その大波はショート動画です。

本書の内容とはズレるので、詳細は書きませんが、ショート動画がただ短い切り抜き動画だと思わないこと。

いま起こっているのはYouTubeに続く、第2次動画革命といっても過言ではありません。

04 テクニックよりもターゲット分析

「この人がバズっているのは、何か特別なテクニックがあるに違いない」

多くの人がそう考えます。

私も、自分がバズるまでは「何か秘密があるに違いない」と思い、ハッシュタグやら何やらいろいろと研究した経験があるので、よくわかります。


だから私もよくテクニックについての質問を受けます。

例えば、

「何時に投稿すればいいですか?」

「ハッシュタグは何がいいですか?」

「何秒ぐらいの動画がいいんですか?」など。

たしかに、そういう細かなテクニックはあります。

たぶん無意識的にやっているものも入れたら、100個以上はあるはずです。

でも、**多くのテクニックは『枝葉』にすぎず、決して、『根幹』ではありません。**

たくさんのテクニックを身に付けたからといって、バズるわけではないのです。

自分がバズってみて、そして多くの人をコンサルしてバズらせてみてわかったこと。それは一番重要なのは、テクニックではないということです。

では何が重要なのかというと、

①ゴール設定：なんのために発信するのか？ **②ターゲット設定：誰のために発信するのか？** **③コンセプト設定：何を発信するのか？**

この3つです。（この3つを合わせて『アカウント設計』と言います）
この中で、**私が特に大事にしているのは②ターゲットです。**

これが下手な人が多いんです。詳しくは後述しますが、「誰のために発信するか？」が明確だと、じゃあどんな発信をすれば良いかが見えてくるからです。

何に興味を持つか？
どんな言葉に反応するか？
どんなコンテンツが好きか？

すべてはターゲットによって異なります。

小さい頃よく「相手の気持ちになって考えようね」と言われた人もいると思いますが、これ、ＳＮＳの世界でも大事なんですね。

ここを分析していけば、バズるコンテンツをつくることができます。

まずテクニックを学びまくるのではなく、**自分が情報を届けたい人を明確にすることが最初の一歩です。**

05 質や量よりもスピードにこだわろう

「とにかくはじめよう！」という話をすると、

「質よりも量で、とにかく出しまくった方がいいですか？」

と聞く人がいます。

逆に聞きます。


「質よりも量で出しまくられた動画、観たいですか？」


30秒でも人生の大切な時間です。テキトーに投稿して、数打ちゃ当たるというマインドでは、視聴者の心をつかむコンテンツをつくることはできません。

「質より量」か、「量より質」か？　これはSNSに限らずいろいろな場面で議論されるテーマですが、私はこう考えています。

「質より量よりスピード」

低品質ではいけません。かといって、品質にこだわりすぎて数が少なすぎるのもいけません。だとすると、大事なのは何かというと、スピードです。

質の良いコンテンツをつくるスピード。

リサーチして、制作して、テストして、改善するスピード。

スピードさえ身に付けられれば、質も、量も取ることができるのです。

最近では、世の中の情報のスピードもドンドン上がってきています。

例えば、新型コロナウイルスが流行りはじめた2020年3月。

私は「何か情報はないか？」と思い、街で一番大きな本屋さんに行きました。

しかし、新型コロナウイルスに関する書籍は1冊もありませんでした。週刊誌には「ダイヤモンドプリンセス号で…」という見出し。もう2週間前の情報です。

結局、帰ってYouTubeで情報収集したのです。ちょうどこの頃から、大人世代でもYouTubeを観る人が増えはじめ、その流れに乗って『時事解説系YouTuber』も登場しました。

いまでは、なにか事件があったら、半日も経たないうちにYouTubeやTikTokに動画が載るようになりました。

むしろライブ配信でリアルタイムに情報を発信する人もいます。

ウクライナ戦争が起こった時、ウクライナの人がTikTokでライブ配信しているのを私もリアルタイムで目にしました。

情報発信のスピードは格段に上がっているのです。

質か量か、などと悩んでいる場合ではなく、

「とにかく早くつくれ！」

「出した結果を見てから考えろ！」

「出しながら改善しろ！」

が、いまの時代の最適解なのです。

06

続けていれば『なりたい自分』になれる

前章で「キャラを使い分けていい」という話をしました。

リアルの自分が冴えない自分でも、SNSではイケてる自分を演じていいのです。

私もリアルでは無口なオジさんですが、SNSではしゃべり倒しています。

そもそも画面の向こうはフィクションなのだという考えをもった方がいいです。

これを言うとガッカリする人も多いかもしれませんが、『激辛○○企画』で、実際に激辛○○を食べている（飲み込んでいる）YouTuberは少ないです。

ドッキリ企画で、ガチドッキリしているTikTokerはほとんどいません。

冷静に考えたら、そりゃそうですよね。

性格面でもそうです。動画ではイキり散らしている陽キャだとしても、実際にそれがその人の本当の性格とは限らないのです。本当は超マジメな好青年かもしれません。

こういう裏話を聞くと、視聴者としてはガッカリするかもしれません。

でもこれから発信する側として考えるとどうでしょう？

ちょっと安心しませんか？

画面の向こうで、鋭い発言をしている人気インフルエンサーも、画面の裏では悩んだり、迷ったりしている一人の若者にすぎないのです。

逆に言うと、いま、生きづらさを感じているキミも、1年後には同じようになれる可能性は十分にあるということです。

「こんな人になりたい！」という理想像があるなら、それになりきって発信してみましょう。

もしくは1年後にはそうなれると確信してください。

そして未来の自分から、いまの自分用に台本を書いてあげてください。


まずはX（Twitter）でやってみると良いと思います（文字だけなので）。

それができたら次はショート動画。

顔出ししないでしゃべりだけでも良いです。それでバズってる人もたくさんいますから（顔出しできるなら顔出しをした方がファンはつきやすいですが）。


そして、それを1年続けてみてください。

そうしたらいつの間にか、キミは理想の自分に限りなく近づいているはずです。


SNSなら、**キミはいますぐなりたい自分になれるんです。**

そして、それを続けているうちに、理想と現実がドンドン接近していきます。

07 SNSの世界に失敗なんてない

キミはなぜ一歩踏み出せないのか？
本書の中で何度も取り上げてきた命題です。
その理由の中でもやはり大きいのは「失敗が怖い」ということでしょう。

でも、今日この場で180度、考え方を変えてください。いいですか？

SNSの世界に『失敗』はありません。

「え？　どういうこと？」「いや、失敗することもあるでしょ？」と思いますよね？
でも、失敗はないんです。
こう考えてみてください。「SNS発信はすべて『テスト』である」と。

どういうことかというと、こういう投稿をしたら…

・伸びる or **伸びない**
・うける or **うけない**
・好反応 or **悪反応**

これを1投稿1投稿、すべてにおいて毎回テストしているのです。

少なくとも私はいまでもそのつもりでやっています。

例えば、校則についての動画を出して『再生数100万回』だったとしましょう。

そうしたら「校則についての動画を出すと、かなり良い結果を得られる」という検証結果を得たことになります。


また例えば、私が珍しく流行りのダンスを踊ってみたら、『再生数1000回』だったとしましょう。そうしたら「ダンス動画を出すと、あまり反応が良くない」＝「これは視聴者に求められていないんだ」という検証結果が得られます。

普通だったら、ダンス動画出して大滑りしたら、「うわっ…最悪…滑った。もう無理」と考えてしまいがちです。

でも「SNS発信はすべて『テスト』である」というマインドで臨めば、たとえ滑っても「コレはウケないという検証結果を得られた」と捉えれば良いのです。そう考えると、すごく気持ちが楽になります。

こうやってドンドン検証を重ねていって、方向性を絞っていく。

ダメだったやつは辞める。

というふうにしていけば自然の、伸びる方向性に進んでいくことができるはずです。

すべてはテストです。

そう考えるとSNS発信において失敗なんてないのです。

ただ、さすがにダンス動画を出して大滑りしたら、私も凹みそうですが……。

08 小さな成功を積み重ねた先にバズる道ができる

ＳＮＳ時代になって、人々の数字感覚は日に日にインフレしています。

いまではフォロワー１０００万人の日本人 TikToker もいるぐらいです。

そんな数字に慣れてしまっているので
「なんで１０００回しか再生されないんでしょうか……」と悲壮な面持ちで相談してくる人もたくさんいます。

前章でも言いましたが、１００人でも、１０００人でも、キミの動画を、キミのコンテンツを観てくれているなんて、すごいことなんですよ、ホントは。

だから自信を持ってください。そして、**観てくれた方にくれぐれも感謝の気持ちを忘れないでください。**

昨日、100回再生だった動画が、今日110回になっていたら喜びましょう。ずっと100回再生前後だったのに、今回出した動画は1000回再生されたら、お祝いしましょう。大袈裟に祝わなくても大丈夫。コンビニでいつもより高いアイスを買って、一人でニヤニヤするだけでも良いです。

そうやって**小さな成果を噛み締めて、積み重ねていくことが大事です。**

忘れないでください。100万フォロワーのYouTuberだって、最初は10人しか登録者いなかったんですよ。それが100人になって、1000人になって、一歩ずつ一歩ずつ進んできたんです。

その一歩がとても大事。

そして、それと併せて「なぜ良かったのか?」を常に考えましょう。

例えば、昨日の動画は100回再生だったのに、今日の動画は1000回再生だったとしたら、そこで立ち止まって「なんでだろ?」「何が違ったんだろ?」と考えることが大事です。

そこには必ず理由があるからです。

伸びている動画、伸びている人には必ず理由があります。

逆に伸びていない動画、伸びていない人にも理由があります。

小さな数字の変化を見逃さず、その要因を分析することが大事です。

例えば、

投稿時間が違ったのか？

動画の長さが違ったのか？

テーマが良かったのか？

冒頭のインパクトが強かったのか？

いろんな要因が考えられると思います。

ぜひ小さな一歩を喜びつつ、その要因を分析してみてください。

09

「1年後の成功」をイメージする

さて、この章の最後に、イメージしてほしいことがあります。

それは、「1年後、最高の未来を生きている自分」です。


10年後だとイメージできないですよね。若い人たちにとっては3年後もまだ遠いかもしれません。

1年先だったらどうでしょう？

1年あれば相当いろいろできますよね。

1年あれば人生変えられそうな気がしませんか？

だから、1年後をイメージしてみてください。

それも、最高の未来を生きている自分を、です。

人は、自分がイメージしたことしか、実現できない動物です。

ボールを蹴るイメージができなかったら、ボールは蹴れませんよね。ゴールを決めるイメージができなかったら、ゴールは決められませんよね。人生も同じです。自分がイメージしたことしか、形にすることはできないんです。

地図アプリだって目的地を入力しないとナビゲートしてくれませんよね。いまはまだ何もないキミかもしれません。でも1年後にはきっと変わっています。その未来がすでにあると想像してみてください。できれば紙に書き出してみるといいでしょう。

そして、そこに至るまでの3つのポイントを決めます。

以下の人を、キミがやりたいSNSの中で探してみてください。

①もう最高の未来にいる人
②中間地点にいる人
③自分よりもちょっと先にいる人

私は、YouTubeをはじめた時、最終的には作家の本田健さんや、ホリエモンのようになりたいと思っていました。

だから、次のようなリストをつくりました。

①本田健さん、ホリエモンら有名人
②チャンネル登録者1～5万人のYouTuber何人か
③チャンネル登録者1000人～5000人のYouTuber何人か

まったく無名の私がいきなり①の人たちと同じネタで発信しても、誰も観てはくれません。

彼らは万人に向けて発信していますから、内容もあえて抽象度を高めていたりします。

②の人たちは、①ほど有名ではないものの、業界内では有名人。
かなりの成功を収めた人たちです。

1年以内にここまでは行きたいとイメージしていました。


そして、③の人たちはまず超えるべきライバルであり、一歩先ゆく先輩たちです。

実は、情報発信する上で、一番参考になるのは③の人たちだったりします。

なぜなら、彼らもまた駆け出しの発信者であり、相当工夫しないと視聴してもらえない立場にあるからです。

その状態で、地道に、着実にフォロワーを増やしている彼らの発信というのは、非常に参考になります。

そう考えて、①②の方々の発信はもちろん押さえつつ、③の方々の動画をベンチマークすることにしました。

まずは、

①もう最高の未来にいる人
②中間地点にいる人
③自分よりもちょっと先にいる人

この3つを具体的にリストアップしてください。

自分が辿るべき、具体的な道筋が見えてくるはずです。

そして、もしイベントやセミナー等があれば積極的に参加してみてください。

実際に会うと、一瞬で世界が開けることもよくあります。

うまくいけば懇親会なんかで、仲良くなれたりもするかもしれませんよ！

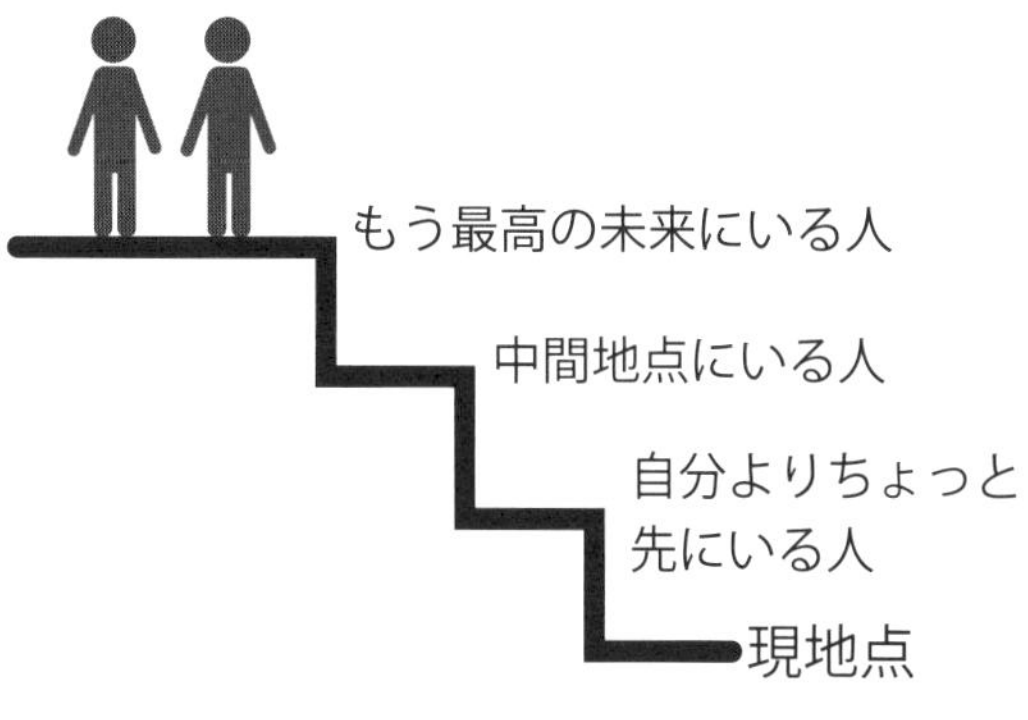

第4章
キミはいますぐ、なりたい自分になれる
まとめ

□ 重要なのはまずはやってみる実践力。

□ 質より量よりスピードが、いまの時代の最適解なのです。

□ 個性やオリジナリティなんてものは後からついてくる。

□ まずはやってみて小さな成果を積み重ねていくことが大事。

□ 「1年後、最高の未来を生きている自分」をイメージして、一歩ずつ進もう。

第5章

『好き』の中に『夢』がある

01 いまは将来の夢がなくてもいい

「将来の夢がありません」

「自分のやりたいことがわかりません」

「これと言って好きなことがないんです」

…というお悩みをよく聞きます。


中学校で勤務していた時にも、中学生からよくそう言われました。

だから「高校受験の志望動機に書くことがない」「面接でなんて答えたらいいかわからない」と言うのです。

そして、そんな彼らが成長して就職活動する時には「自分のやりたい仕事がわからない」「就職試験でなんて言えばいいかわからない」と悩んでいることでしょう。

教師を辞めて教育系インフルエンサーになってからは、中学生だけでなく、高校生、大学生、社会人からも同じようなお悩み相談を受けるようになりました。

毎日のようにＤＭが届きます。

こういう話をすると大人世代は「いまどきの若者は夢がない！」と言いますが、思い出してください。

実は昭和世代だって、若い時には生き悩んでいたはずです。

ずっと自分探しをしていたでしょう。私だって中高生の時には、将来の夢を堂々と答えることなんてできませんでした。ただなんとなーく好きなもの、なんとなーくの憧れはありました。漫画が好きだとか、小説家になってみたいなとか、音楽家になって大きな舞台に立ちたいなというような妄想はありました。

じゃあ「それが将来の夢か？」と聞かれると、堂々と「はい、そうです」なんて言えませんでした。

将来の夢とは？

やりたいこととの違いは？

本当に好きなことってなんだろう？

何が得意なんだろう？


いろんな思いがごちゃごちゃになっていたからです。

それをうまく言語化できる自信がありませんでした。

それに、下手に言ったら「そんなんじゃ食っていけない」「そんなに甘い世界じゃないよ」「お金はどうするの？」と、周りの大人から否定されるんじゃないか？と恐れていました。きっと同じような不安を感じ、夢がわからなくなってしまった人も多いと思います。


この章では、好きなこと、やりたいこと、得意なことの違い、そしてそれをSNSで活かしていく方法についてお伝えします。

02 「好き」と「得意」は一致しなくていい

まず整理していきましょう。よく混同されがちですが、**好きなことと、得意なことは違います。**

得意なこととは、スキルや能力が優れていることを指します。

例えば、ピアノが得意、数学が得意、おしゃべりが得意、人から気に入られるのが得意など。目に見える技能はもちろんですが、その人の資質や能力も含まれます。

次に好きなことというのは、個人の興味や、趣味趣向を意味します。

例えば、おいしいものが好き、可愛いものが好き、料理が好き、映画好きなど、「これと言って好きなことがない」と言う人もいますが、そういう人の多くは、好きなことと得意なことを混同してしまっています。

例えば「カレーが好きだけど、別に詳しいわけではないし、月に2～3回食べるだけだし、堂々と好きというほどのことではない」というように考えるのです。

でも、好きであるために、得意である必要はありません。

『下手の横好き』という言葉もあります。


サザエさんの波平さんはちっとも上達しないのによく釣りに行きますよね。

ドラえもんのジャイアンは歌が下手くそだけど大好きです。

私は映画を観るのが好きですが、別に詳しくはありません。

本を読むのが好きですが、私より詳しい人なんてたくさんいます。

ＳＮＳは好きですが、これは人よりは得意だと思います。


逆に中には「得意だけど好きではない」と言う人もいます。

数学は得意だけど別に好きではないとか、家事は得意だけど好きではないとか。

つまり、**好きと得意は完全一致ではないんです。**
得意と好きは重なる部分もあります。でも、イコールではありません。
だから安心してください。**「好きなものは好き」と言っていいんです。**
好きというのは、キミの感情の揺れ動きです。
誰にも否定されるものではありません。
誰とも比べなくてもいいんです。

アイスが好き、散歩が好き、犬が好き、食べるのが好き。
いいじゃないですか？
堂々と好きと言ってください。

さあ、キミの好きなものはなんですか？
書き出してみましょう！

03 ワクワクするかどうかで決めよう

次に『やりたいこと』について。好きは趣味趣向。得意はスキルや能力でした。

ではやりたいことは何かというと『願望』です。

野球がしたい。プロミュージシャンになりたい。英語の勉強をしたい、などなど。

キミを動かす原動力になるような願望を『やりたいこと』と言います。

好きなこと、得意なこと、やりたいことはイコールではありません。

でも、やりたいことの中には『好きなこと』が含まれている場合が多いです。

そもそも好きじゃなかったら、やりたいと思いませんからね。

では、キミの『やりたいこと』はなんでしょう?

それ考える時に、大切にしてほしいのは『ワクワク』という感情です。

それをやると考えた時にワクワクするかどうか?

これが一番重要です。


「ワクワクすることがないんだよね」と言う人は、まずは好きなことリストをつくってみてください。

やりたいことの中には大体『好きなこと』が含まれています。

だからまずは好きなことをたくさん並べて、眺めてみて、片っ端からやってみることをオススメします。

やっているうちにやりたいこと、やりたくないことが見えてきます。

ここで慎重派のキミはこう思うでしょう。

「好きだし、ワクワクするけど、私よりうまい人なんていくらでもいるから…」

でも、安心してください。**得意かどうかはそんなに重要ではありません。**

なぜかというと、得意＝スキルは後からいくらでも高められるからです。

そりゃ、クラスで一番足が遅い人が世界陸上に出られるかというと、そこまでの差はさすがに埋められないと思います。


でも、芸大に行けるレベルではないけど絵が得意。それくらいのレベルだった若者が、ひたむきに努力して、その後、プロになったという事例はたくさんあるのです。

おしゃべりが苦手だった人が、いつの間にか人前でしゃべる仕事をしていたなんてこともよくあります。


TikTokで2023年前半に『大赤字ビストロの店長（PLUCK AND PLANT）』というアカウントが流行り、上半期のトレンド大賞にまで選ばれました。

飲食ど素人の店長が、大赤字ビストロを再建していくというテーマのアカウントです。

長髪で、タトゥーで、愛想も悪かった店長が、なんとか赤字ビストロを立て直そうと、努力し、ついに黒字を達成するというストーリーが共感を集めました。

彼はもともとアーティスト志望で、飲食経験がない素人です。

つまり、最初は得意じゃなくてもいいんです。むしろSNSだと、ど素人が少しずつ成長していく過程を楽しんでもらうこともできます。

得意じゃなくても、それが好きで、ワクワクしていれば、自然に人より努力できます。それが積み重なると、いつの間にかスキルなんて高まっているものです。

だから、**得意かどうかよりも、ワクワクを大切にしてください。**

キミが大好きで、考えるとワクワクして、キミを突き動かすものはなんでしょう?

考えるだけでワクワクすることを書き出そう！
それがキミが本当にやりたいことです。

04

将来の夢はわからなくて当たり前

「将来の夢がない」というお悩みをよくいただきます。

でもハッキリ言いますね。

そんなの当たり前。小中高校生に「将来の夢は？」と聞いちゃう方が無理があるんです。そもそも、将来の夢と言われても、わかるわけないいんです。

若者が将来の夢を持てないの当たり前なんです。だって、将来のことなんてわからないんだから。未知のものに対して、見通しなんて持てませんよね。まったく土地勘のない見知らぬ国で「さぁどこに行きたい？ どこに行きたいか考えなさい」と言われてもわからないでしょう。

それと同じです。だから安心してください。若いうちは夢なんてなくても大丈夫。

ある意味で、夢は知識です。キミの知識や経験から、夢は生まれてくるのです。知らないこと、経験したことがないことを夢に描くことなんてできません。知識も経験も少ない若者は、夢なんて持っていなくて当たり前なんです。

しかも「将来の夢を持て」と言う割に、言ったら大人たちに否定されたりします。「世の中そんなに甘くない」「そんなんじゃ食っていけないぞ」なんて。それで夢を語るのが怖くなった人もいると思います。

でもこれも考えてみたら当たり前のことです。社会に出ていない若者が、それが「甘いか」「甘くないか」なんてわかるはずもないんです。

安心してください。甘くて当然です。

大学に入って、アルバイトして、恋愛して、なんとなく就職して、転職して。

夢を持つのはそれからでも遅くはありません。

社会に出たら少しずつ世の中のこともわかってくるので、その時考えれば良いのです。

「あーやっぱり役者になりたい」と思ったら、会社を辞めてチャレンジしても構わないのです。

むしろ、わかりもしない『将来の夢』なんて、いま考える必要はありません。

それよりもまずは好きなことをたくさんつくりましょう。

そして、**その中で特にワクワクすること、やりたいことをやりまくること。**

そうしているうちに、将来の夢もボンヤリ見えてくるはずです。

05

『好きなこと』を発信するからこそ多くの人に届く

キミの『好きなこと』を形にする上でも、SNSはとても役に立ちます。「私の夢ってなんだろう？」なんて悩んでいないで、**とにかく好きなこと、興味があることを**発信しはじめてみるのも良いかもしれません。

『あいうえお』さんという名前のインフルエンサーがいます。彼女は通称『グミ姉さん』と呼ばれています。

SNSでさまざまなグミを紹介している彼女は、いまでは「グミといえばこの人！」というまでのポジションになっていますが、もともとは普通のOLでした。お菓子の専門家でもなんでもありません。もともとインフルエンサーだったわけでもありません。グミ好きOLだったんです。

よく考えてみてください。グミが好きな人なんていくらでもいますよね？
私もコンビニによるとつい買ってしまうので、グミ好きといえばグミ好きです。

では、**彼女と私の違いは何かというと、発信したかどうか？ということです。**

大好きで、大好きで、それについて発信し続けていれば、普通のOLでもいつの間にか専門家になることができるんです。もしかしたら私もグミについて発信していたら、いまごろは『グミおじさん』と呼ばれるような存在になれていたかもしれません。

彼女はいまでは、グミのPR案件を受けたり、大手製薬メーカーと一緒に商品開発したりもしています。

先述した『けんご小説紹介』くんもそうです。

あいうえお日本グミ協会会長

彼はもともとは小説読むのが趣味の、自称『社会不適合者』です。

彼も、小説が好きで好きで、それを発信し続けていたら、いつの間にか『出版業界の救世主』と呼ばれるような存在になっていたのです。

いまでは全国各地の書店イベントに出演したり、小説も執筆して作家としても活動したりもしています。


SNSを活用することで、キミの『好き』が形になります。


もちろん、発信の仕方がうまい下手はあります。というか、最初は誰でも下手です。

でも、好きで、ワクワクすることだったら、楽しみながら研究できてしまうし、それでいつの間にか上達しています。

ワクワクのパワーは、不得意を凌駕するんです。

下手だろうがなんだろうが発信し続けることで、キミの『好き』はいつしか形になり、多くの人に届くようになります。

自信を持って、好きを発信していきましょう。

06 夢はだいたい後からついてくる

多くの人が勘違いしていることがあります。
それは「あの人は夢を持っているから、それでがんばることができる」ということです。

それに対して、私には夢がない。
やりたいことも見つからない。
だからずっとモヤモヤしてる。
私ってなんなんだろ？

そう劣等感を感じている人も多いでしょう。でもそれは勘違いです。

あの人もはじめから夢を持っていたわけではありません。

「やっているうちに夢になった」のです。


私の例で言えば、はじめから音楽教師やYouTuberを目指していたわけではありません。

高校の時にたまたま吹奏楽部に入って、やっているうちに楽しくなった。

それで音楽の道に進みたいと思ったんです。

YouTuberになったのは生きるため。

インフルエンサーになりたいなんて、1ミリも思ったことはありません。

でもいまは、仲間と一緒に『日本一のＳＮＳコンサルタント』になるという夢を持っています。どれもやっているうちに、後からついてきた夢です。


まず行動。まず実践ありきなのです。

夢を持っていないから動けないわけではありません。動かないから夢ができないんです。

夢は知識、夢は行動です。

もちろん、めちゃくちゃ不得意なことをやれというわけではありません。
そもそもめちゃくちゃ不得意なことを好きになる人は、あまりいませんからね。

キミがちょっと得意なことは？
キミがちょっと好きなことは？
そしてワクワクすることは？

自分の感情に素直になって、思い浮かべてみて。
不安や恐れ、焦り、無力感を感じる人もいるかもしれません。
でも思い浮かんだことは否定せずに受け入れてあげてください。

心の本質に迫れば迫るほど、恐れは強くなります。
でもそれが心の声です。

キミの心の声を先ほどのメモに書き加えてみて。
そして、一言で良いです。
SNSに記念すべき第一声を投稿してみましょう。

心配しなくても大丈夫。
夢なんて後からついてきます。

第５章
『好き』の中に『夢』がある
まとめ

□好きなことと、得意なこと、やりたいことは違う。

□得意じゃなくても、それが好きで、ワクワクしていれば、スキルは後からついてくる。

□将来の夢なんてなくていい。

□まずは好きなこと、ワクワクすることをたくさんつくろう。

□ＳＮＳで自分の好きを発信しよう。

第6章

SNSで『好きを仕事にする』8つのロードマップ

01

ＳＮＳを使えば好きを仕事に変えられる

YouTubeが『好きなことで、生きていく』というキャッチコピーを打ち出したのは２０１４年。

でも当時は、趣味の動画でお金が稼げる時代が来るなんて、誰も思ってもみませんでした。

仕事とは大変なもの。

趣味と仕事はまったく別物。

ほんの10年前まで、多くの人たちはそう考えていたのです。

「好きなことだけして生きていけるほど世の中甘くない」

なんて言われたことがある人もいるでしょう。

それを変えたのがＳＮＳです。

特に YouTube と Instagram。

これらのＳＮＳの登場により世の中は大きく変わりました。

YouTube で趣味を動画にして配信したり、Instagram でオシャレな日常写真を投稿したりして、それでお金を得られる人たちがたくさん出てきたのです。

YouTube ではある一定の条件を満たすと、広告収益を得ることができます。

少し前だったら、ドッキリやお笑いの動画、ペットやカフェの写真なんて、「遊びだ」と一蹴されるような趣味でした。

でもそれらはいつの間にか『コンテンツ』と呼ばれるようになり、それを投稿することで生計を立てられる人たちが出てきたのです。

クリエイターたちが、ネット上でコンテンツを提供し、それで収入を得る経済の仕組みを『クリエイターエコノミー』といいます。

そして、現在。

クリエイターエコノミーはさらに進化しています。

YouTubeのみならず、Instagramも、LINEも、Facebookも、X（Twitter）も、そしてTikTokも、クリエイターが収益を得られる仕組みを実装。

中でも、いまもっとも注目されているのが、『TikTok Creativity Program』、いわゆる『TikTok収益化プログラム』です。

これはTikTok運営会社が得た収益を、再生回数に応じて、クリエイターに分配するというシステムです。

2023年8月に日本でベータ版が実装されました。

この仕組みはある意味で『クリエイターエコノミー』の究極形と言っても過言ではありません。

なぜならクリエイターは、とにかく視聴者が観たい動画をつくって、バズらせれば収益を得られるようになったからです。

動画に無理矢理に広告をつけたり、よく知らない商品を無理して紹介したり、広告主に気を遣ったりする必要はありません。

大切なのは視聴者ファーストな姿勢、視聴者を喜ばせることだけです。

TikTokはその他にも、

- シリーズ：動画を有料販売できる
- ライブサブスクリプション：ファンクラブのようなもの
- ライブギフト：配信者にギフトを送って応援することができる
- 動画ギフト：動画にギフトを送って応援することができる
- ライブコマース：ライブ配信版テレビショッピング（日本未実装）

など、さまざまなジャンルのクリエイターが稼げるように、多様な収益化の仕組みを導入しています。

もちろん私自身もいま、ＳＮＳで好きなことを仕事にして生きています。大金持ちとは言えませんが、好きなことだけをして収入を得て、教員時代よりはだいぶいい生活をさせてもらっています。

ＳＮＳを活用すれば「好きを仕事に」というのは決して、夢物語ではないのです。自己破産寸前から YouTuber になった私が、そしてその他のたくさんのインフルエンサーたちがそれを証明しています。

この章では、数々の専門家のＳＮＳをサポートし、数多くのインフルエンサーを世に送り出してきた私が、ＳＮＳで『好きを仕事にする』８つのステップをお伝えします。

その8つのステップとは以下の通りです。

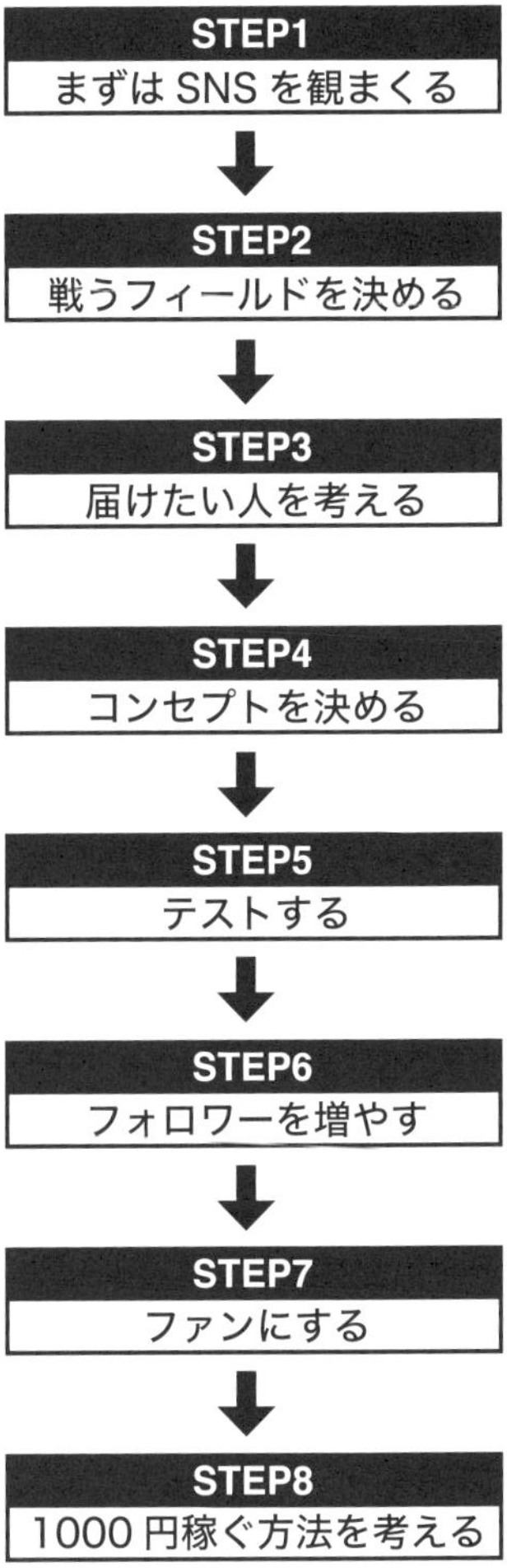
STEP1
まずはSNSを観まくる
STEP2
戦うフィールドを決める
STEP3
届けたい人を考える
STEP4
コンセプトを決める
STEP5
テストする
STEP6
フォロワーを増やす
STEP7
ファンにする
STEP8
1000円稼ぐ方法を考える

ひとつひとつ詳しく見ていきましょう。

02

【ステップ1】まずはSNSを観まくる

SNSで好きを仕事にすることの第一歩は、SNSを観まくることです。

マーケティングの世界では『リサーチ』とか『市場調査』『競合調査』なんて言いますが、いちいちそんな難しいことは考えなくても大丈夫。

まずはとにかく観まくってください。

例えば、『コンビニサラダ』が大好きで、それについて発信したいとしましょう。

そうしたらまずはYouTube、TikTok、インスタなどいろいろなSNSで、コンビニグルメや、サラダなどについて発信したコンテンツを観まくります。

どのプラットフォームで、どんなコンテンツがウケていて、どんな人が伸びていて、どんな人が伸びていないかをつかんでいきましょう。

同じテーマでも、YouTubeでは伸びてるのに、TikTokでは伸びていない形式もあるのです。

こういうのを発見したらチャンスかもしれません。

もしかしたら、これからTikTokでも流行るかもしれないからです。

例えば、2020年、YouTubeではビジネス系YouTuberブームというのが巻き起こっていました。

でも、TikTokは女子高生が踊っているだけのアプリ。

これをチャンスと捉えるか？

それとも可能性なしと判断するか？

そこが運命の分かれ道です。


この時私は、「これはチャンス！ ゆくゆくはTikTokでも必ずトーク系・ビジネス系が流行る」と捉えました。それでいち早くTikTokに参入し、そのジャンルのパイオニアになることができたのです。

同じように、早い時期に参入したビジネス系 TikToker たちも大きな先行者利益を得ました。

こういう穴場というのはいつの時代も、どこのプラットフォームにもあるのです。

ここまでの穴場を見つけられたらめちゃくちゃラッキーですが、いろいろ調べていくと、なんとなく「こんな方向性だったらいけそうだな」というのが見えてくると思います。

そのためにもまずは発信したいことについて、いろんなプラットフォームを観まくりましょう。

【ステップ1】事例

コンビニサラダが大好き！

↓

YouTube、Instagram、TikTok、X（Twitter）などで、コンビニサラダについて発信しているアカウントを探して観まくる

03 【ステップ2】戦うフィールドを決める

いろんなプラットフォームを観まくったら、キミが戦うフィールド＝主戦場を決めましょう。

この選定が運命の分かれ道でもありますが、これは途中で変わっても大丈夫です。

私だったら、２０２０～２０２１年前半はYouTube、２０２１年後半～いまはTikTokが主戦場になっています。その時の時代の流れ、X（Twitter）やインスタグラム、YouTube、そしてTikTokなどのプラットフォームの盛り上がりを見ながら柔軟に変えていくと良いでしょう。

ある場所では『弱み』『欠点』『短所』と思われていたものが、戦うフィールドを変えるだけで、ものすごい強みになることもあります。

例えば、キミが『サラダオタク』だとしましょう。

現実世界では周りに理解者がいなかったり、からかわれたりして悩んでいるかもしれません。X（Twitter）でサラダについてつぶやいてみたけど、全然フォロワーが増えず、挫折したこともあるかもしれません。


でもそれをTikTokのショート動画でおもしろおかしく発信したら、一気に人気TikTokerになれた……なんてこともよくあります。

だから、戦うフィールドを選ぶのはとても重要なのです。**現実がツラいキミはすぐに戦うフィールドを変えてみてください。**そのままのキミが輝ける場所がきっとあります。


さて、ではステップ1でいろんなプラットフォームを観まくった結果、「なんかTikTokがおもしろそうだ。まずはTikTokではじめてみよう！」となったとします。

そうしたらTikTokを見まくるんです。第4章でお伝えした通り、各SNSプラットフォームには、それぞれ独自の文化があるからです。

例えば、Instagramではよく「いいね周りが重要」とか「ハッシュタグが重要」と言われます。

でもTikTokでいいね周りしている人なんていないし、ハッシュタグつけていなくてもバズる動画はバズります。

そのプラットフォームの文化やお国柄、そしてその国の文法（バズる型）を身につけなければいけません。最初の一歩はマネすることからはじまるのです。

【ステップ2】事例

TikTokでコンビニサラダについて発信しよう！

↓

TikTokでコンビニグルメ、サラダなどについて発信しているアカウントを探して、動画を観まくる

04 【ステップ3】届けたい人を考える

さて、ここで質問です。

「あなたのコンテンツを届けたい人は誰ですか？」

ステップ3ではここを明確にしましょう。

あるエステサロンのコンサルをした時、「ターゲットは誰ですか？」と聞いたらこんな答えが返ってきました。

「そうですね…。30代、40代、50代の女性なんですけど、もちろん、10代、20代の方にも利用してほしいです。あとは、小さなお子様やお年寄り、男性の方にもお喜びいただけるサービスになっています」

こういうのはターゲットとは言いません。それは全人類です。これは極端な例だと思われるかもしれませんが、「ターゲットは誰ですか?」と聞くと、ほとんどのクライアントさんはこれに近い返答をします。

でも考えてみてください。

例えば、「老人でも、幼児でも、ご婦人も、大学生もよろこぶサラダ」って食べてみたいと思いますか? あまりイメージが沸きませんよね?

では「忙しいOLのためにつくられたサラダ」だったらどうでしょう?

これだったら心動かされる方も多いのではないでしょうか?

どういうことかというと、**実はターゲットを広げれば広げるほど、言葉がぼやけるんですね。** 言葉がぼやけると、結果、誰にも刺さりません。万人受けを狙った結果、万人に受け入れられない。こんなことがよく起こりえます。

むしろ、ターゲットをもっと具体化して、誰か特定の人を思い浮かべても良いぐらいです（これをペルソナと言います）。

例えば、1年中ダイエットしている友だちのA子ちゃん。

仕事が忙しくて自炊ができない。運動も嫌い。

なんとか楽して効率よく痩せる方法を、1年中探している。

こんなA子ちゃんに情報を届けるとしたらどんな内容が良いだろう？　と、考えてみるのです。

ターゲットが明確になるということは『お悩み』が明確になるということです。

例えば、ここまでターゲットを絞り込むとようやく『忙しい』『肌荒れが気になる』『楽に痩せたい』というお悩みが見えてきます。

そうしたら、あとはその『お悩み』を解決する情報を発信するだけ。

それが情報発信なのです。

ここが不明確な人はだいたい世のため、人のためといいながら「自分が言いたいこと」だけ言っています。

【ステップ3】事例

ターゲットは1年中ダイエットしている忙しいOL

←

じゃあ『コンビニサラダで楽々ダイエット』というテーマで動画をつくろう！

05 【ステップ4】コンセプトを決める

次にコンセプトを決めます。と言っても難しく考えなくて大丈夫。
「どんな感じの発信してく？」ぐらいに気軽に思ってください。

先述の『コンビニサラダで楽々ダイエット』だとしても、発信の仕方は１００種類ぐらいあります。

まず顔出しする？　しない？
しゃべる？　しゃべらない？
明るい感じ？　暗い感じ？
キレイに撮る？　わざと汚く撮る？
専門家風に見せる？　素人っぽく見せる？

教育系にする? エンタメ系にする?

テーマは決まっても、見せ方は千差万別。

例えば、最近話題のTikTokアカウントに『炊飯器ギャル』というアカウントがあります。

「炊飯器にキャベツ丸ごと入れて、コンソメ入れて、ピッとすると簡単に料理ができちゃう!」という動画は前からありました(私のTikTokサロンに入ってくれている『管理栄養士 久美子』さんが開発した手法です)。

でも、炊飯器ギャルは炊飯器がジュエルシールでキラキラにデコレーションされていて、ネイルも完全にギャルなんです。一言もしゃべりませんし、解説もしません。それでもそのコンセプトがおもしろくてなんか観ちゃう。そういうアカウントもあるんですね。

また例えば、同じ料理系でも2023年上半期TikTokトレンド大賞に選ばれた

『ライスペーパーネキ』さんは、また違う見せ方をしています。

彼女は冒頭で水をこぼすという手法と、ライスペーパーでいろいろなものを包んで食べるという内容で、一世を風靡して、バズりまくりました。

みか@ライスペーパーネキ

でも彼女、料理をつくっているのに料理の作り方は一切解説していないんですね。彼女は料理をつくってはいるものの、レシピ解説系ではなく、その過程のワクワク感を見せていくエンタメ系なんです。

同じ料理動画でも、見せ方は千差万別なんですね。

【ステップ4】事例

コンビニサラダをどう見せていこう?

↓

音楽に合わせて中身を全部出していく『OLのコンビニサラダ大解剖』

というコンセプトにしよう

06 【ステップ5】テストする

さぁここまで考えたら、あとは動画をつくって、投稿するだけです。

（本書では動画のつくり方のテクニックについては解説しませんが、詳しくは講座やサロンをやっています。興味のある方は巻末ページをご参照ください。）

投稿するときの心構えとして、ひとつ覚えておいてほしいことがあります。

それは、第4章でもお伝えしましたが『**すべてテストである**』**ということです。**

ここを理解していない人は、すぐに心が折れます。

再生数というのは自分ではコントロールできません。

もちろん気にした方がいいのですが、自分ではどうしようもない数字に一喜一憂していたらメンタルが持ちません。

それよりは「これはテストである」と客観的な視点で数字と向き合う方が、気持ちが楽です。

例えば、「大解剖！コンビニサラダの中身すべて見せます」という動画を出したら1000回再生でした。2日後に「毎日簡単！痩せるコンビニサラダ3選」という動画を出したら500回再生でした。


この時「あ〜ダメだった〜。一昨日は1000回行ったのに〜。今日は500回……つらっ」と思ってはいけません。

まるで博士になったような気分で、こう思えば良いのです。

「なるほどなるほど。3選系の動画よりも大解剖動画の方が伸びるということか……。これは貴重な検証結果が得られたぞ」

テーマだけでなく、

・投稿時間に違いはあったか？
・ハッシュタグに違いはあったか？
・動画の尺に違いはあったか？
・映像（画角や暗さ、色合いなど）に違いはあったか？
・しゃべっているかいないか？

など、着眼すべき点はいっぱいあります。
このひとつひとつを検証していくつもりで、毎回の投稿と向き合いましょう。
すべてはテストなのです。

【ステップ5】事例

投稿して動画Aより動画Bの方が伸びた

←

動画Bは30秒で、トークなしだったから伸びたのかも。次の動画でさらに検証してみよう

07【ステップ6】フォロワーを増やす

ＳＮＳで投稿するからには、フォロワーは増やしたいものです。「フォロワーなんて増やしても意味ないでしょ」と時々批判してくる人がいますが、意味があるかないかは、まずは自分がフォロワーを増やしてみないことにはわからないですよね。私も「とにかくフォロワーを増やそう！」という考えではないのですが、そりゃフォロワーが多いに越したことはないでしょ、という考えです（ただし、フォロワーを買ったり、セクシーな衣装でフォロワーを増やしたりした結果、アカウントが壊れてしまい、再生数が激減した例も多いので、そこだけは注意してください）。

フォロワーを増やすために、やるべきことは2つあります。

①何者かを伝える
②フォローするメリットを伝える

おもしろい投稿を見たら即フォローする…という人は、実は少ないです。

じゃあどうするかというと、こんな感じ。

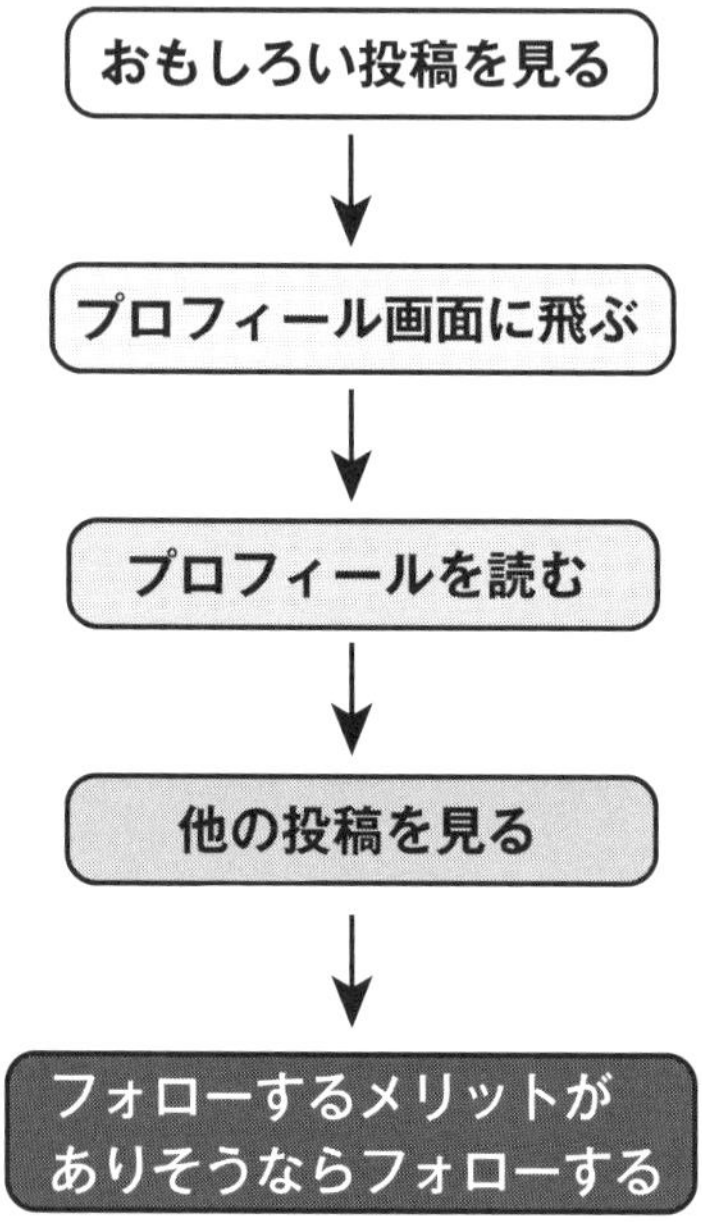
おもしろい投稿を見る
プロフィール画面に飛ぶ
プロフィールを読む
他の投稿を見る
フォローするメリットがありそうならフォローする

という過程を踏むはずです。

なぜなら、そうしないと、フォローがドンドン増えてしまって、本当に見たい投稿が埋もれてしまうと思うからです。

ということは、**フォロワーを増やすためには、プロフィールがかなり重要だということがわかると思います。**プロフィールでまずキミが何者かを伝えましょう。そして、どんな投稿をしていて、フォローするとどんなメリットがあるか伝える。

この2つのポイントを押さえられていたら、フォローされるアカウントになります。

【ステップ6】事例
フォロワーを増やすために、プロフィールを充実させよう!

↓

1年に300食コンビニサラダを食べるOL
自炊せずに簡単に痩せるコンビニサラダダイエットを紹介

08 【ステップ7】ファンにする

実はファンには階層があります。……なんていうと差別的に聞こえるかもしれませんが、ＳＮＳマーケティングの視点から言うと、実はファンというのはピラミッド構造になっているのです。

①視聴者

まず最初は動画や投稿を目にしただけの一視聴者から始まります。
たまたま目にしただけなので、まだ別にキミのことを好きな訳ではありません。
動画が1万回再生されたとしたら、約８０００～９０００回はただの視聴者です。
動画が再生されても意外とファンは少ないものなんです。
逆に言うと、まずはこの層を増やさないとその上の層も増えません。

②フォロワー

次の階層はフォロワーです。わざわざキミのことをフォローしてくれた人たちです。

この人たちはキミの発信に興味を持ってくれています。

でもまだ「動画が流れてくれば観る」というぐらいです。

③ライトファン

そして、ここから先がようやく『ファン』と言える人たちです。

キミの投稿を楽しみに待ってくれていて、積極的にいいねしたり、コメントした

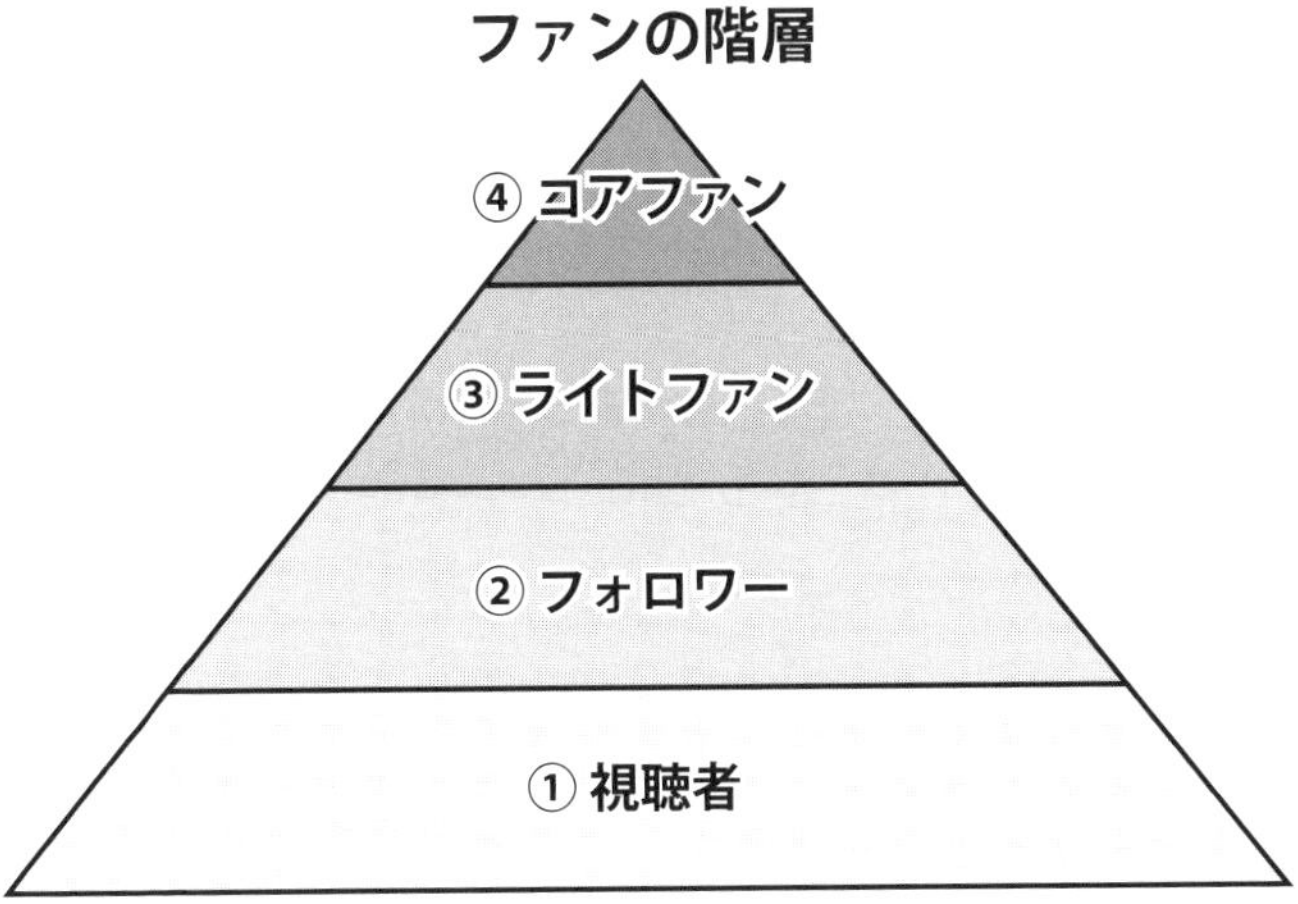

りしてくれる人たちです。

④コアファン

そして一番上は、強いファン。

キミが何かイベントをやる時に来てくれる。

キミがグッズを販売したら買ってくれる。

キミのために行動し、キミのことを応援してくれるファンです。

ただの視聴者だった人に、一段ずつステップアップしてもらって、熱狂的なファンになってもらえるような作戦を考えていく、それがインフルエンサーに必要な力です。

ちなみにいま流行りのショート動画は、①〜③のファンを増やすのがとても得意なツールです。

でもそこからコアファンにステップアップしてもらうには、ライブ配信をしたり、ロング動画を観てもらったりする必要があります。

気軽にはじめられて、一番効果的なのはライブ配信です。

SNSの法則として「長時間観てもらえばもらうほど、ファン化しやすい」という法則があります。

ライブ配信は気軽にはじめられる割に、ものすごくファン化する力が強いです。

活用しない手はないでしょう。

【ステップ7】事例

まずは視聴者を増やそう＝再生回数を取れるようにする

↓

ファンになってもらうためにライブ配信をしてみよう！

09 【ステップ8】1000円稼ぐ方法を考える

さて、これが最後のステップです。

ここまで進んできたキミは少しずつですが、だんだんと再生数も上がってきて、ファンも増えてきたのではないでしょうか？

そうしたら、いよいよマネタイズです。「好きを仕事に」の仕事の部分を考えるんですね。

本来はアカウント設計の段階で考えておくことが望ましいですが、理屈ばかり考えていても動き出せません。そこで本書ではまず動き出すことを優先して、ステップを組みました。

キミはSNSでいくらぐらい稼ぎたいでしょうか？

月1万円ですか？ 10万円ですか？ 100万円ですか？

月100万稼ぐためには客単価いくらで何人に売れば良いでしょう？

慣れてくるとこういう計算がパッとできるようになります。


ちなみに、初心者がやりがちな過ちとして、「月100万売り上げるために、1万円の商品を100人に売ればいいじゃん！」と考える人が多いです。

しかし、これはめちゃくちゃ難しいです。

まず100人集めるのがものすごく大変。だったら30万の商品を3人に売る方が、実は10倍楽なのです。

この辺のビジネス構築の話は本書のテーマとそれるのでまた改めて、別の機会にお話ししたいと思います。


本書を読んでくれているキミは、まだビジネスのことなんて考えたこともない、はじめの一歩を踏み出したばかりの人、と想定しています。

だから、そういう人に向けて、「SNSで好きを仕事に」するための、はじめの一歩のアドバイスをしますね。

それは「まずは1000円売る方法を考える」ということです。

「1000円⁉　そんなの楽勝じゃん！」と思いますか？

中には「1000円でも自信ない」と思う人もいるかもしれませんね。

実は『1000円売れる人』というのは『1万円売る力』もある人なんです。

そして『1万円売れる人』は『10万円売る力』があります。

でもずっと『売上0円』の人はずっと『売上0円』なんです。

10年間いろんな講座を受けて、いろんな資格をとってきたけど、いまだに自信がなくて商品を売れないという人もいます。

とにかく売ることに自信がないんですね。

だから、まずは1000円売ってみてください。

まずその小さな1歩を踏み出すことが大事です。

では、1000円で売る商品やサービスは何でしょうか?

考えてみてください。

例えば、心理学をやっている人だったら『ホントの自分を知る30分 個性診断』、本当は5000円だけど、いまだけお試しキャンペーンで1000円!とか。

これで売れて自信を持てたら次は正規の5000円で売れますよ。

それが売れたら今度は半年間のマンツーマンコーチングを売る自信が持てます。

代表的な5つの売り方

「具体的に、どこでどのようにして売ればいいの?」と思う方もいると思います。

そこで、商品やスキルを売る方法をいくつかご紹介します。

①ＳＮＳで呼びかける

お試しの商品を売りたい場合、ＳＮＳで呼びかけるのが一番手っ取り早く簡単です。Ｘ（Twitter）やFacebookでキミのことを知ってもらい、興味を持ってもらい、そして「こんなことやろうと思うだけどどうかな？」と発信するのです。

あとは興味をもって連絡をくれた人と、ダイレクトメッセージでやりとりをするだけです。

アナログな方法ではありますが、販売サイトや決済システムなどを準備する手間が省けるので、まずはダイレクトメッセージで手動でやりとりするのが一番簡単です。

②LINE公式アカウントで呼びかける

ＳＮＳでいきなり商売をはじめると、フォロワーが減ってしまい、せっかく育てたアカウントが台無しになってしまうことがあります。

そうならないために、ＳＮＳからLINE公式アカウントに誘導し、その登録者に向けて宣伝するというのが、いま、ＳＮＳマーケティングでは主流のやり方になっています。

本書は初級者向けのため詳細は書きませんが、LINE公式アカウントの登録者を集めるのはＳＮＳをビジネスにしていくためのキモです。

最初から無理にやる必要はありませんが、いずれは導入を検討していきましょう。

③ ＳＮＳのショップ機能で販売する

インスタグラムやFacebookには『ショップ機能』というものがあります。

この機能を使うと、ＳＮＳ上で商品を販売し、決済までできるようになります。

写真や説明文を準備するのは大変かもしれませんが、まずは簡易的なものをつくってとにかく動きはじめてみると良いでしょう。

ちなみにTikTokは『TikTok Shop』というショップ機能、ライブコマース機能を、日本以外のアジア諸国やアメリカなどでリリースしています。
日本でも近いうちに実装されると予想されています。（２０２３年9月現在）

④スキル販売販売

ただし、もしキミが、カウンセリングや占い、コーチングなどのサービスを売りたい場合には少し注意が必要です。

なぜなら、現在日本では多くのＥＣサービスでは『無形商材』を販売することが禁止されているからです。高額の情報商材詐欺などを防ぐために、禁止となっています。

規約違反の出品をしていると、売上をすべて没収されてしまうこともあるので、事前にしっかり規約を確認しておきましょう。

無形商材やスキルを販売したい場合は、ココナラやストアカなど、スキルの販売サービスを使うのが簡単です。

特技を持った人と、サービスを受けたい個人をつなぐサイトです。

ココナラ

https://coconala.com/

ストアカ

https://www.street-academy.com/

ただし、出品しただけで売れていくわけではないので、宣伝は自身で行うことになります。

⑤フリーランサーの案件探しサイト

多くのフリーランサー（フリーで仕事をしている人）が使っているのが案件探しサイトです。代表的なものは『クラウドワークス』と『ランサーズ』。

クラウドワークス

https://crowdworks.jp/

ランサーズ

https://www.lancers.jp/work/search

仕事をお願いしたい業者と、仕事を探しているフリーランサーをマッチングしてくれます。動画編集からライティング、マーケティング、声優、商品レビューまで、案件はさまざまです。

有名YouTuberの動画編集をしている人から、駆け出しのフリーランサーまでいろんな人が使っています。

まずは低単価の案件から挑戦してみて、少しずつ実績を積んでいくといいでしょう。これらのサービスを活用して、まずは1000円売る方法を必死で考えましょう。そして、やってみましょう。

ただし、ここで紹介した8ステップは本当に入口の入口。

一歩踏み出せないキミがまず踏み出すべき小さな一歩です。

すでにここまで踏み出しているキミは、次のステップを考えましょう。

ビジネス初心者は「1つ1000円で安く売れればたくさん売れる！」と考えてしまいがちですが、いつまでもこの段階にとどまっていては一生豊かになれません。

でも逆に大きなステップばかり考えて、一歩踏み出せないまま人も、幸せにはなれません。まずは一歩踏み出すこと。そしたらその次、またその次へと、次元上昇していきましょう。

【ステップ8】事例
コンビニサラダのアカウントでどんな商品が売れるか考えよう！
↓
あなたの体質に合ったコンビニダイエット診断お試しキャンペーンで1000円で売ります

第６章
ＳＮＳで『好きを仕事にする』８つのロードマップ
まとめ

□ 各ＳＮＳがさまざまな収益化の方法を実装し、クリエイターエコノミーはどんどん進化している。

□ 視聴者からファンへとステップアップしてもらう作戦を考えよう。

□ まずは１０００円売る方法を考えよう。１０００円売れる人は『１万円売る力』がある。

□ ＳＮＳからスキル販売サイトまで売り方はたくさんある。

本書ではここまで「一歩踏み出せば世界は変わる。まずはSNSをはじめてみよう」とお話ししてきました。

でもそもそも「どんなSNSがあるのかわからない」「何が違うの？」という方もいるでしょう。

そんなあなたのために、各SNSの特徴を簡単にまとめておきます。

まずは自分に合いそうなSNSからはじめてみましょう。

YouTube JP

サービス開始
2005年

国内ユーザー数
約8000万人（推定）

特徴
- 社会インフラになりつつある
- YouTuberは芸能人並に社会的影響力が高い
- 広告収益が得られる
- 伸ばしていくのは最も難易度が高い

主な機能
- ロング動画
- ライブ配信
- ショート動画

X

サービス開始
2006年

国内ユーザー数
約4500万人(推定)

(旧:Twitter)

特徴

・元祖SNS的存在
・短文のコミュニケーションプラットフォーム
・拡散性や即時性が高い
・イーロン・マスクが買収

主な機能

・テキスト投稿
・画像投稿
・動画投稿
・音声配信

facebook

サービス開始
2008年

国内ユーザー数
約2600万人(推定)

特徴

・実名登録が基本
・日本ではユーザーの年齢層が高い
・リアルのつながりが多い

主な機能

・テキスト投稿
・画像投稿
・動画投稿
・ライブ配信
・ストーリーズ
・ショート動画

Instagram

サービス開始	国内ユーザー数
2010 年	約 4000 万人（推定）

特徴

・もともとは画像投稿 SNS
・ストーリー投稿が人気
・若者たちの連絡ツールになっている
・社会インフラ化しつつある

主な機能

・画像投稿
・ライブ配信
・ストーリーズ
・ショップ機能
・ショート動画

TikTok

サービス開始	国内ユーザー数
2018 年	約 3000 万人（推定）

特徴

・縦型ショート動画の元祖
・AI がオススメを表示
・流行が生まれやすい
・海外ではライブコマースが人気

主な機能

・ショート動画
・ロング動画
・ライブ配信
・ストーリーズ
・テキスト機能
・ショップ機能（日本未実装）

おわりに　～新時代を築くのはキミだ！～

いまは生きづらい人もいるかもしれない。

やりたいことが見つからない人もいるかもしれない。


でも、時代は変わります。

キミがもっと自分らしく生きられる、みんなが好きを仕事に、個性を発揮できる時代が必ず来ます。

その時代の架け橋となるのがＳＮＳです。


5年前、私はただの教師でした。

そして3年前には、起業に失敗し、職を失いました。

そんなダメダメな元教師が、インフルエンサーとして生計を立てられる日が来るなんて、本当に人生はおもしろいものです。

あのどん底の中で、決死の思いではじめたＳＮＳ。当時はコロナ真っ只中で、YouTube全盛期。

それからこんなに時代が変わるなんて誰も予想していませんでした。

まさかライブで稼げる時代が来るなんて。

TikTokがこんなに流行って、収入を得られる時代が来るなんて。

誰も予想もしていなかったんです。私以外は。

私はYouTube時代の最後尾に飛び乗って、何とかバズらせることができ、動画の中でこう言いました。

「これからライブで稼げる時代が来る」

「TikTokはすごい。YouTubeの次はTikTok」

それが２０２０年4月のことです。

その予想が見事に的中し、いまでは『日本で一バズってる元教師』と呼ばれ、

TikTok公式のクリエイターアカデミー第4期では、教育部門の1位にまで選ばれました。


いまはそのノウハウを少しでも多くの方に伝えて、『思いをつなぐ』お手伝いをしたいと思い、コンサルしたり、動画制作を請け負ったりしています。

私は動画制作チームを『チーム新時代』と名付けました。

これから新しい時代がやってくるのです。

SNSやメタバースの力テクノロジーがもっともっと発展していき、弱いままのキミでバズれる時代が来る。

キミの思いが、多くの人に届く。

そんな新時代へと、キミを連れていく。

キミと一緒に、キミの新時代を築く。

『チーム新時代』という名前には、そんな思いが込められています。

そのチームに、21歳の男の子がいます。

SNSでの名前は『シント解説屋』。

彼は沖縄出身で、いまは大阪で一人暮らし中です。

チーム新時代には20代~40代、20名以上のクリエイターが所属しているのですが、彼はその中でもリーダー的な役割です。

私もブレーンとして、何か困ったことがあれば、すぐに彼に相談します。年齢なんて関係ありません。


最後に、彼の話をしますね。

彼は3年前、教師を志して大学受験をし、見事合格していました。

しかし、大学入学直前になって彼は思ったそうです。

「なんか違う」

このまま大学に進学して、卒業して、教師になって、仕事して…そのまま人生終わるのか?

俺は本当にそういう人生を望んでいるのか?

未来の自分から問いかけられるように、急にそんな疑問が頭を占拠していったそうです。

彼は結局、大学進学を辞めました。もちろん、親は大反対。入学金も無駄にしました。

では、そこから彼はどうしたかというと、何もできなかったそうです。

せっかく大学進学を直前で取りやめ、自由になったのに。

彼はそれから2年間、実家で、半引きこもり、半ニートの生活を送りました。

さとうきび畑に囲まれた実家で、毎日毎日、YouTubeばかり観る日々。

コンビニのバイトもつまらなくて長続きしなかったそうです。

しかし、20歳になったある日、彼は思い立ちます。

「このままじゃダメだ」と。

そう思ったきっかけはYouTuberのヒカルの動画だったそうです。

親世代は「YouTubeばかり観てないで勉強しなさい！」なんて言いがちですが、YouTubeが人の人生を変えることもあるんですよね。

「俺もヒカルみたいになりたい」

そう思って彼は当時流行りはじめていたTikTokをはじめました。

そこから何ヶ月か一人で試行錯誤した結果、TikTokで主流だったエンタメ系動画ではなく、事件や時事問題を解説する教育系動画の方向性で動画をつくっていこうと決意します。

そして、一本の動画がバズります。

ビートたけしさんの人生を解説したその動画は200万回再生超え。

その動画があるインフルエンサーの目に止まりました。

それが私です（笑）。

そこから私と彼の交流が始まりました。彼はメキメキと頭角を表していき、あっという間にフォロワー10万人を超えるインフルエンサーとなったのです。

そして、チーム新時代を立ち上げる時に彼をスカウトしました。

いまではチームのリーダーとして、チームをまとめ、大手企業や有名な社長さん、文化人のSNS運用を一手に任されています。ちなみに彼はいまだにスーツを持っていないため、打ち合わせの時もスウェットです。そこだけは何とかしてほしいなと思います。

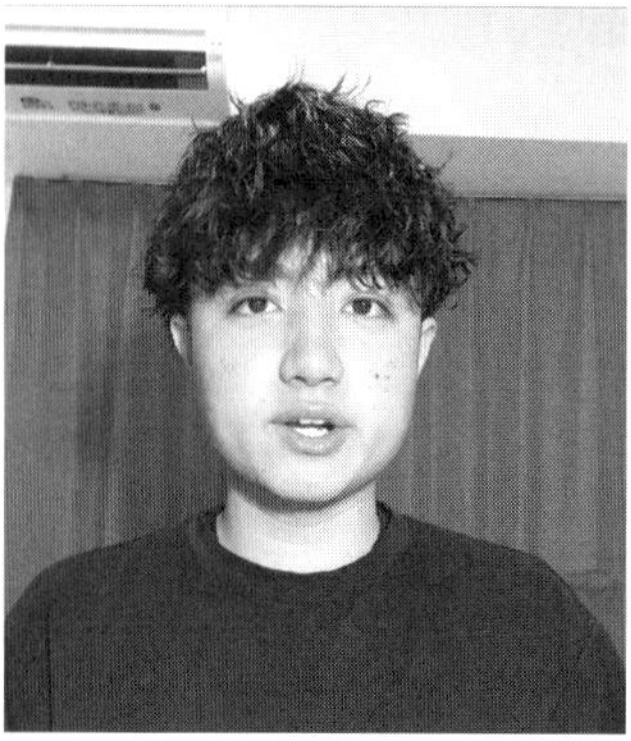

シント【解説屋】

1年前まで、沖縄の田舎町で半ニートだった彼は、いまでは大卒サラリーマンの2倍以上の月収を稼ぐ、優秀な動画編集者であり、優秀なパートナーです。

大阪で一人暮らししている彼によく電話で聞きます。

「困ってることとない？　大変だったら早めに言ってよ」

彼は必ずこう言います。

「ストレスがなさすぎて逆に不安です。毎日、大好きなTikTok観まくって、おもしろい動画つくって、それでお金をもらえて、こんな幸せないです」


1年前の彼は、いまこの本を読んでいるキミです。

「このままじゃダメだ」

とTikTokを開いた1年前のあの日。

彼の人生は変わりました。


そこからスーツを用意する間もないくらいに猛スピードで、彼の人生はステージアップしていったのです。この本を手に取った時、キミの人生も変わりました。

ほんの小さな一歩でいいんです。
まずはアプリを開いて、アカウントをつくるだけでも大丈夫。

一歩踏み出しましょう。
踏み出せば見える世界が変わります。
踏み出せば人生が変わります。

キミが一歩踏み出し、その先へと進んでいけるよう、
私はそっとキミの背中を押しましょう。

SNSを伸ばしたい人！
すぎやまの情報を
もっと知りたい人は、
こちら

本書は『一歩踏み出すための本』ですので、あえてSNSの具体的なノウハウは記載しておりません。
一歩踏み出して、さらに伸ばしたいという方は、
こちらのLINE公式アカウントで講座や、セミナーなどの情報を配信していますので、ぜひ勇気を持ってそちらに申し込んでみてください。
必ず、あなたの人生を変える出会いになると思います。

LINE公式アカウント

https://lin.ee/gbW7sfv
最新情報、講座情報など配信中

すぎやまのSNSまとめページ

https://lit.link/m19sugiyama
すぎやまの各種SNSや
最新情報のまとめ

『弱いままのキミでバズる』応援チーム実行委員会

小学校教師ハチ

小倉幸子

あーぴん

管理栄養士久美子

かけら

シント解説屋

すらいむ

ストリートドラマーなおひろ

りゅうちゃん

よーまる

学校では教えてくれないSNSという武器

弱いままのキミでバズる

著　者　　静岡の元教師すぎやま

発行者　　真船壮介

発行所　　KKロングセラーズ

東京都新宿区高田馬場4-4-18　〒169-0075

電話（03）5937-6803（代）

http://www.kklong.co.jp

装丁　鈴木大輔・江﨑輝海（ソウルデザイン）

本文デザイン　古川創一

印刷・製本　大日本印刷㈱

落丁・乱丁はお取り替えいたします。※定価と発行日はカバーに表示してあります。

ISBN978-4-8454-2522-8　C0095　Printed In Japan 2023